资助项目 >>>

·国家麻类产业技术体系"漳州黄/红麻试验站"(CARS-16S07)
·福建省农业科学院对外合作项目"麻类种质资源引进及其育种技术研究"(DWHZ-2022-05)

玫瑰茄
栽培与加工利用

MEIGUIQIE
ZAIPEI YU JIAGONG LIYONG

编　著：姚运法　　洪建基

参　编：林碧珍　　李　洲　　练冬梅

　　　　赖正锋　　曾日秋　　张少平

　　　　鞠玉栋　　吴松海　　王兆秀

海峡出版发行集团｜福建科学技术出版社
THE STRAITS PUBLISHING & DISTRIBUTING GROUP　FUJIAN SCIENCE & TECHNOLOGY PUBLISHING HOUSE

图书在版编目（CIP）数据

玫瑰茄栽培与加工利用/姚运法,洪建基编著.—福州：福建科学技术出版社,2022.6
ISBN 978-7-5335-6729-3

Ⅰ.①玫… Ⅱ.①姚…②洪… Ⅲ.①玫瑰茄—栽培技术②玫瑰茄—加工利用 Ⅳ.①S571.9

中国版本图书馆CIP数据核字（2022）第073732号

书　　名	玫瑰茄栽培与加工利用	
编　　著	姚运法　洪建基	
出版发行	福建科学技术出版社	
社　　址	福州市东水路76号（邮编350001）	
网　　址	www.fjstp.com	
经　　销	福建新华发行（集团）有限责任公司	
印　　刷	福州万紫千红印刷有限公司	
开　　本	700毫米×1000毫米　1/16	
印　　张	13.75	
插　　页	4	
字　　数	239千字	
版　　次	2022年6月第1版	
印　　次	2022年6月第1次印刷	
书　　号	ISBN 978-7-5335-6729-3	
定　　价	40.00元	

书中如有印装质量问题，可直接向本社调换

前　言

　　玫瑰茄（*Hibiscus sabdariffa* Linn.）是锦葵科木槿属一年生草本植物，其叶片、花、萼片为药用部位，据《傣医药》记载：花萼，酸，凉。清热解渴，敛肺止咳，用于高血压症、咳嗽、中暑、酒醉。现代研究表明，玫瑰茄具有广泛的生物活性，在舒张平滑肌、抗氧化、抗菌、保护肝肾、降血脂、抗糖尿病及并发症、降血压、抗肿瘤等方面有显著活性。玫瑰茄作为一种重要的药食同源类植物，2004 年被卫生部和卫计委列入新食品原料名单。玫瑰茄栽培主要在热带和亚热带地区，如非洲、东南亚、南美等。我国于 20 世纪 40 年代首次引进，在厦门市同安地区栽培，后在福建省永春、长泰、同安等县已有较小规模生产性栽培，20 世纪 60 年代福建省漳浦县进行玫瑰茄的规模种植。目前，玫瑰茄在福建、云南、广东、广西、浙江等地均有种植。

　　本书由福建省农业科学院亚热带农业研究所的科研工作者根据多年的科研成果，结合生产实践经验编写而成，书中较全面地阐述了国内玫瑰茄资源挖掘与评价、育苗技术、栽培技术、病虫害防治、玫瑰茄成分提取与功效评价、组织培养技术和产品加工技术等。本书编写目的是为进一步提高玫瑰茄国内栽培种植、功效成分利用、加工技术水平，普及推广玫瑰茄生产与加工技术，帮助特种作物种植专业户和专业技术人员解决一些种植、加工上的实际问题，提供理论和实践指导。全书由姚运法拟订撰写纲目和内容，洪建基负责统稿，其中姚运法撰写65%、林碧珍撰写30%，其余由李洲等人完成。在编写过程中参考了一些国内外专家的论文、专利等研究成果，同时又吸取了一线玫瑰茄生产人员的实践经验，注重理论和实践相结合，其中理论知识通俗易懂，实践经验切合生产实际，具有较强的实用性和可操作性。书中附有彩图，可帮助读者更直观地理解书中的内容。

由于编者水平有限，书中难免出现不当之处，敬请专家、同仁和读者批评指正。

编著者

2022 年 2 月

目 录

MULU

第一章 概述

第一节 资源分类与分布

一、资源分类

玫瑰茄（*Hibiscus sabdariffa* Linn.），英文名 roselle，别名玫瑰麻、洛神葵、山茄、洛神花，是锦葵科木槿属一年生草本植物。玫瑰茄在植物学分类上有两个变种，一个为纤维型变种（*H. sabdariffa* var. *altissima* Wester），俗称玫瑰麻，一年生，株形直立、分枝稀疏，株高可达 5m 左右，其茎为绿色或红色，叶片绿色，有些叶脉呈红色，开黄色花，花萼为红色或绿色，萼片少肉且多刺，不能食用，多在印度、东印度群岛、尼日利亚和部分美洲热带地区种植；另一个变种为我国大多数引种栽培的（*H. sabdariffa* var. *sabdariffa*），即玫瑰茄，株形相对矮小、多分枝，高度通常在 1~2m，属一年生半灌木状草本，包含有 *bhagalpuriensi*、*intermedius*、*albus* 和 *ruber* 四个小种，根据花萼形态可将其划分为 *bhagalpuriensi*（绿色夹杂红色条纹，不可食花萼）、*intermedius* 和 *albus*（黄绿色可食花萼，也产生一定纤维）和 *ruber*（红色可食花萼）三个类型。

二、起源与分布

关于玫瑰茄的起源，不同学者之间存在着很大的争议。Cobley 认为玫瑰茄是一种原产于西非的植物，并从那里被带到了世界其他地区，如亚洲和美洲，但也有学者认为玫瑰茄原产于印度，抑或是沙特阿拉伯等地。法国植物学家 Matthias de L'Obel 在 1576 年发表了他对玫瑰茄的考证结果：在 1687 年的爪哇也有关于玫瑰茄叶片的可食性描述，1892 年的澳大利亚昆士兰州有两家生产玫瑰茄酱的工厂并大量出口到欧洲，1899 年 J. N. Rose 记录了在墨西哥瓜达拉哈拉的市场上看到一大筐玫瑰茄干花萼。如今，玫瑰茄的栽培集中在热带和亚热带地区，非洲的苏丹、埃及、埃塞俄比亚、塞内加尔、坦桑尼亚、马里、尼日利亚、乍得，亚洲的泰国、中国、印度、印度尼西亚、菲律宾、马来西亚和美洲的巴西、墨西哥、牙买加、美国等国家和地区种植面积较广。世界上最大的玫瑰茄生产国是泰国和中国，墨西哥、埃及、塞内加尔、坦桑尼亚、马里和牙买加也是重要的供应国，但各国当中玫瑰茄质量最高的应属非洲苏丹。

三、引种与栽培

20世纪初，由原广州岭南大学从美国加利福尼亚州引进玫瑰茄，在校内庭园、农场进行了少量栽培。在1958~1962年，原华南农学院汕头分院自广州华南农学院引进栽培，做了相关的适应性试验。福建省则于1940~1945年间首次引进，在厦门市同安地区栽培，后福建省经济植物研究所引入试种，并在福建省永春、长泰、同安等县已有较小规模生产性栽培。20世纪70年代，福建厦门市进出口公司开始引进种子，在永春、同安县试种。素称"玫瑰茄之乡"的福建省漳浦县，于1956年开始引种试种，近些年，种植面积保持在3000~4000hm²，干花萼年产量2000~4000t。

目前，我国的玫瑰茄生产区域主要分布在广东、广西、福建、云南、四川、江西等地，台湾、海南也有少量种植。近年来，玫瑰茄种植有逐渐往北方引进的趋势，在浙江省试种获得成功，被认为是比较有发展前途的经济作物之一；由南京农业大学和江苏省丹阳埤城镇合作选育的"锦葵一号"，单株玫瑰茄鲜果产量高达5kg，每公顷产值可达15万元以上；山东省还进行了保护地栽培试验，作为收获萼片为目的的栽培实验。福建省农业科学院亚热带农业研究所近年来开展玫瑰茄种质资源收集和鉴定评价，2020年选育出"闽玫瑰茄1号"和"闽玫瑰茄2号"两个良种，并在生产上进行示范和推广，经济效益表现良好。综合分析认为，就品种和栽培手段而言，长江中下游及以南更适宜玫瑰茄的栽培种植，以北地区栽培会受到早霜危害，导致玫瑰茄产量不稳定。在福建省漳州市龙海、漳浦、华安、长泰等地，所产的玫瑰茄萼大、花红、质量优，逐渐成为美国、德国、英国等发达国家天然饮料食品和药用原料。现阶段种植规模较大的是福建漳浦县和云南的武定县。

四、遗传多样性

玫瑰茄种质资源遗传多样性的评价，是对其资源全面系统理论研究的基础和前提。用以评价植物遗传多样性的研究方法主要有形态学标记、细胞学标记、同工酶标记和DNA分子标记技术等。Daudu等为评价玫瑰茄的遗传多样性，在尼日利亚进行了一项覆盖了17个州的56个城镇和20个村庄的种质调查，对63名农民访谈，并对从他们手中收集到的 60 份玫瑰茄进行种质分析发现，41.7% 的材料具有绿色的花萼，31.7% 的为红色花萼，20.0% 的为深红色花萼，仅 6.7% 的材料具有浅红色和粉红色的花萼。Antonia 等进一步采用 5×5 格方设计，对加纳 7 个地区的 25 份玫瑰茄材料进行了 12 个质量性状和 5 个数量性状的遗传多样性评价，结果发现株高和分枝数的变异最大，采用聚类分析和主成分分析可将玫瑰茄品种划分出 3 个不同的类群，前三个主成分能够解释 100% 的差异。Tahir H. E. 等对 72 个来自苏丹和中国的玫瑰茄样品的地理来源进行了鉴定，结果发现同一国家的不同品种在提取率、色度、色调、pH 值、总花色苷含量等理化性质上存在显著差异（$P < 0.05$），并提出利用非破坏性的、耗时更少的近红外、低场核磁共振和荧光等多种光谱技术来区分玫瑰茄遗传关系是可行的。玫瑰茄的染色体数目为 72，减数分裂时有规律地形成 36 条二价体，在后期分离正常，形成规则的四分体，并具有较高的花粉育性。Hiron N. 等对两个同源性很高的红麻 HC-2 和玫瑰茄 HS-24 品种的细胞遗传学和生化研究分析发现，染色体长度均呈逐渐减少的趋势，都存在 6 条 CMA 阳性条带，但红麻 HC-2 品种有 36 条 DAPI 阳性条带，而玫瑰茄 HS-24 只出现 14 条 DAPI 阳性条带，并测得两个品种的酯酶活性不同。Daudu 等利用 RAPD-PCR 技术对收集到的 20 个尼日利亚玫瑰茄不同基因型材料进行了分子表征，结果表明玫瑰茄品种具有遗传异质性，可根据 Dice 差异指数的大小确定不同种质间的亲缘关系。Sharma 等对 124 个不同地理生境和形态类型的玫瑰茄种质进行研究，根据 19 个微卫星 DNA 标记（含 11 个 ISSR、8 个 SSR）结果确定了 SSR 标记比 ISSR 标记具有更高的种间遗传变异和多态性，而 ISSR 标记在检测到的多样性数量方面更具信息量，且不同的多样性参数、结构和聚类分析表明，纤维型玫瑰茄的遗传多样性高于花萼食用型玫瑰茄。

第二节 营养成分与功效评价

玫瑰茄含有丰富的蛋白质、有机酸、维生素、氨基酸及大量的天然色素和多种矿物质。其植株的花、叶和萼片等器官均富含营养元素，但由于植株种类来源、生长环境、遗传生态和收获条件的不同，玫瑰茄的营养成分会存在着一定差异。另外，通过对玫瑰茄的功效的广泛地研究，已经证实其具有抗氧化、利尿排石、抗肿瘤、降血脂、抗糖尿病及并发症、降血压等多种生物活性。

■ 一、玫瑰茄化学成分

1. 叶片

根据玫瑰茄资源差异性表现，玫瑰茄的叶片分红叶和绿叶两种类型。研究表明，红叶玫瑰茄的鲜叶含还原糖 0.24%、蛋白质 2.21%、脂肪 0.5%、总酸 9.55g/kg、钙 2.095g/kg、铜 1.8mg/kg、铁 13.7mg/kg、铝 5.13mg/kg、砷 0.012mg/kg，其干叶含还原糖 1.49%、蛋白质 20.2%、脂肪 2.7%、总酸 25.22g/kg、钙 18.499/kg、铜 12.7mg/kg、铁 123mg/kg、铝 98.1mg/kg、砷 0.018mg/kg。绿叶玫瑰茄的叶片研究相对较少。

2. 花

玫瑰茄的花喉均呈深红色，根据花瓣色，玫瑰茄资源可以分为有淡红、红色、黄色和淡黄色 4 种类型，生产上品种多以淡红花和黄色花瓣为多。其色素为黄酮苷类，主要成分是木槿苷、玫瑰茄苷、棉黄次苷、槲皮黄素和杨梅黄素等。另外，花瓣中含有 4 种不含氮的有机酸，即乙醇酸、柠檬酸、酒石酸和草酸。

3. 花萼

玫瑰茄的花瓣凋谢后，花的萼片很快长成为紫红色的肉质片，包裹着果实，因此生活中常把成熟的花萼叫作玫瑰茄的"果实"。玫瑰茄花萼中含有丰富的蛋白质、有机酸、维生素、氨基酸、矿物质、纤维素、半纤维素及天然色素。玫瑰茄色素是花青苷素，主要化学成分为无毒、无不良副作用的飞燕草素 -3- 接骨木二糖甙和矢车菊素 -3- 接骨木二糖甙。

新鲜成熟花萼含水率约 90%，花萼干燥后的含水率一般在 3%~6%，吸水膨胀率可达 250%，热水可溶物达 30%。其干花萼营养成分如下：维生素 C 0.93%、维生素 B 0.21%、蛋白质 0.45%、灰分 1.34%、果胶 1.39%、水分 87.86%、胡萝卜素 0.01%、淀粉 1.76%、糖分（按葡萄糖计）2.55%、总花青苷（色素）1.0%~1.5%、柠檬酸和木槿酸等有机酸 10%~15%、还原糖 16%、蛋白质 3.5%~7.9%、其他非含氮物质 25%、纤维 11%、灰分 12% 及约 1% 的 17 种氨基酸。另外，干花萼常量元素含量为钠 0.051mg/g、钾 0.112mg/g、钙 10.536mg/g、镁 5.714mg/g；微量元素含量为锌 36.306μg/g、铁 247.236μg/g、锰 194.098μg/g、铜 6.487μg/g。

4.种子

玫瑰茄种子粗蛋白含量为 25%~28%，含有 10 余种人体必需氨基酸，包括婴幼儿极为需要的组氨酸和精氨酸；含油量为 18%~22%，其中油酸与亚油酸的总和为 72%~83%；脂肪酸组成为硬脂酸 23.1%、油酸 29.2%、亚油酸 44.4%、环氧油酸 3.3%，可作为一种优良的食用油；种子含有的主要矿质元素有 K、Na、Ca、Mg 和稀有酸类（十八烯酸、苹果酸、锦葵酸）。另外，玫瑰茄种子油中，甾醇的总量为 4.5mg/g，其中胆甾醇 5.1%、麦角甾醇 3.2%、菜油甾醇 16.5%、豆甾醇 4.1%、β–谷甾醇 63.1%、α–菠菜甾醇 10%。

5.茎秆

玫瑰茄茎秆分茎秆皮和茎秆芯。茎秆皮含水分 13.13%，酸溶木素 12.23%，纤维素 44.6%，多戊糖 12.03%，灰分 8.23%；茎秆芯含水分 10.55%，酸溶木素 17.22%，纤维素 41.48%，多戊糖 17.51%，灰分 3.32%。其中，茎秆皮纤维平均长度 2.61mm，平均宽度 17.2μm；茎秆芯纤维平均长度 1.14mm，平均宽度 24.1μm。相较于黄麻、红麻，玫瑰茄的茎秆拉力强度高，可作为黄、红麻的代用品，也可应用于纺织和造纸。

▰ 二、玫瑰茄功效

1.降血脂

研究表明，玫瑰茄提取物具有降脂活性，对高脂血症、血管疾病、动脉粥样硬化等具有预防作用。干燥花萼和叶片的水提物和醇提物可显著降低血清中低密度脂蛋白胆固醇、甘油三酯和总胆固醇的浓度，抑制脂质过氧化，抑制血管中泡沫细胞的形成、平滑肌细胞迁移和钙化；降低极低密度脂蛋白胆固醇和增加血清中高密度脂蛋白胆固醇的浓度。花青素和原儿茶酸可能是发挥这种作用的活性成分。

2. 抗糖尿病及并发症

玫瑰茄提取物具有类似于利格列汀（DPP-4）抑制剂的作用，可明显改善胰岛素抵抗、上皮间质转化（EMT）、高胰岛素血症状态；具有 α- 淀粉酶抑制剂作用，明显改善餐后高血糖症。研究表明，在 II 型糖尿病大鼠中，玫瑰茄多酚提取物（HPE）同时降低 DPP-4、高葡萄糖诱导血管紧张素 II 受体 -1（AT-1）、波形蛋白和纤连蛋白的水平，并逆转了胰高血糖素样肽 -1 受体（GLP-1R）的体内代偿。HPE 通过下调 DPP-4 和下游信号，减少 AT-1 介导的肾上皮细胞间质转型（EMT）来改善胰岛素敏感性。玫瑰茄多酚提取物对链脲佐菌素诱导的 I 型糖尿病合并肾病模型显示出保护肾脏作用，对肾重下降和近曲小管的水肿症状有明显的改善作用，这可能与增加过氧化氢酶的活性，调节 Akt/Bad/14-3-3γ 信号通路有关。由此可见，玫瑰茄是一种可以预防糖尿病肾病的佐剂。

3. 降血压

体内实验研究表明，玫瑰茄提取物明显降低高血压模型大鼠血压，并增加心肌毛细血管的表面积；对高血压大鼠的主动脉环具有血管扩张作用。这些可能是通过内皮源性一氧化氮（EDNO）-cGMP 松弛途径和抑制 Ca^{2+} 流入血管平滑肌细胞发挥作用。

4. 抗氧化

研究表明，玫瑰茄提取物有强大的抗氧化作用，改善由叔丁基氢过氧化物（t-BHP）诱导的细胞氧化损伤，增加超氧化物歧化酶、过氧化氢酶活性，降低丙二醛浓度。机制可能是与抑制活性氧、自由基、黄嘌呤氧化酶的活性有关。这种抗氧化作用在花、种子、叶的水提物和醇提物中都已观察到。玫瑰茄的水提物（100~800mg/kg）对由体内毒素如叔丁基氢过氧化物、脂多糖硫唑嘌呤和四氯化碳所诱发的肝炎模型有明显的治疗改善作用，可有效降低血液中天冬氨酸转氨酶（AST）、谷丙转氨酶（ALT）浓度。这种作用可能是由于其具有较强的抗氧化活性，阻断氧化应激反应，提高了超氧化物歧化酶（SOD）、过氧化氢酶（CAT）、谷胱甘肽过氧化物酶（GPx）以及 d- 氨基乙酰丙酸脱水酶（d-Ala-D）的活性，降低肝脏细胞中 Bax 和 tBid 蛋白的表达。

5. 利尿、排结石

体内实验观察到玫瑰茄提取物具有排结石作用，Wootisin 等采用 Wistar 大鼠，每日给予玫瑰茄的提取物，口服剂量为 3.5mg/kg，结果发现肾脏中的草酸盐、钙盐沉积明显减少，尿液中检测到有少量结石。Laikangbam 等的实验同样也发现，玫瑰茄水提物（250、500、750mg/kg）能有效阻止雄性大鼠肾脏内结石的形成。

6. 抗肿瘤

玫瑰茄富含多酚类化合物，如原儿茶酸、没食子酸、绿原酸、表儿茶素没食子酸酯。研究表明，其对前列腺癌细胞、早幼粒细胞白血病细胞、黑色素瘤细胞等细胞的恶性增殖有抑制作用。作用机制可能是通过抑制 B 淋巴细胞瘤 -2 基因表达、肿瘤抑制基因磷酸化和降解，通过介导内源性和外源性的途径发挥抗凋亡作用；或通过增加自噬相关基因（ATG5）、Beclin1 和轻链 3-II（LC3-II）表达，诱导 A375 细胞自噬。

7. 抗菌

研究表明，玫瑰茄水提物（5~20mg/mL）能够显著抑制金黄色葡萄球菌、鼠伤寒沙门菌、大肠杆菌、绿脓杆菌的生长，且这种抗菌活性与外界温度无关，在高温环境中仍有很好的抗菌活性，这可能与其含有较多的原儿茶酸有关。这正好印证了热带地区居民泡饮玫瑰茄，从而达到预防腹泻的目的。其乙醇提取物抗菌效果比水提物好。低浓度（2.5mg/mL）的浸提物还能抑制口腔致龋菌、变形链球菌的生长。种子的粗提物（200mg/mL）也表现出抗革兰阴性菌作用，对沙门菌表现出较高的抑制活性，其次是志贺菌和肠杆菌。

8. 消炎

玫瑰茄花萼乙醇提取物比水提物表现出更为显著地抑制由醉母菌所引起的发热症状，作用机制可能与抑制白介素（IL）、干扰素和肿瘤坏死因子 -α（TNF-α）等细胞因子的合成有关；或通过下调 JNK、p38MAPK 信号通路发挥免疫刺激作用和镇痛活性。玫瑰茄种子的石油醚提取物也表现出抗炎性，气质联用（GC-MS）鉴定出种子含有 3 种脂肪酸（亚油酸、花生酸、棕榈酸），可能是其活性成分。

9. 治疗贫血

玫瑰茄水煎剂对矿物质缺乏疾病、贫血有很好的疗效，可提高血液中抗坏血酸的浓度，从而增强对铁、锌、钙、镁等离子的吸收。

第三节　加工技术

玫瑰茄作为近年兴起的一种药食同源的植物，其营养丰富且具有众多功效，开发具有其他特性的新产品能为消费者带来益处，因而在食品和药妆行业都具有良好的发展前景。国内外对玫瑰茄深加工产品的技术和开发应用的研究较多。

■ 一、玫瑰茄饮料

耿华研究发现，玫瑰茄干花萼用量在 2% 时，其饮料酸度、色度、黏度及适口度呈现最佳状态，为不使饮料黏度过高，可采用天然甜味料甜菊糖甙来提高产品的甜度，使其糖酸比为 121（17 : 0.14）。李国强等采用经醇提和正丁醇萃取后的玫瑰茄提取物作为原料之一，复配以苹果原醋、浓缩苹果汁和蜂蜜，使得该玫瑰茄复合饮料风味极佳，且具有优异的保健功能。钟旭美等将色泽鲜艳的玫瑰茄和红肉火龙果结合，制备的醋饮料不仅保留了玫瑰茄和火龙果的色泽和香味，产品营养丰富、酸甜可口，还具有消除疲劳、调节人体肠胃平衡的保健功能，且产品的稳定性好，不易出现絮状沉淀。在玫瑰茄饮料的开发中，玫瑰茄提取液澄清工艺是非常重要的一环。李升锋等研究了壳聚糖对玫瑰茄提取液的澄清方法，确定了在壳聚糖添加量为 0.125g/L，常温澄清 4h，经高速离心后再通过硅藻土过滤、最后过 0.45μm 微滤的工艺条件下，即可得到 λ_{660} 为 77.6%、混浊度为 0.12NTU 的玫瑰茄提取液。

■ 二、玫瑰茄果酱

玫瑰茄花萼肉质厚实、色泽鲜艳、风味独特，用来制作果酱最适宜不过。何锡媛等以玫瑰茄、红枣、黄皮汁等按照一定比例得到的玫瑰茄复合果酱细腻顺滑、形态稳定，无需另外添加果胶等增稠剂，并且具有一定的保健功效。何伟俊等通过乳酸菌发酵制得的玫瑰茄果酱，不仅具备玫瑰茄和乳酸菌的益肠道、抗氧化、降血压等功效，而且其制备所用的原料丰富，经济效益高，口味极佳，适合任何人群食用。王建化等以菊花、玫瑰茄和山楂 3 种药食同源材料为原料研制的果酱呈紫红色，清亮透明，菊花瓣均匀分散于其中，完整饱满，口感适中，具有浓郁的菊花和山楂香气，并且具备一定的保健功能。

■ 三、玫瑰茄色素

玫瑰茄红色素是一种天然的色素，它是从玫瑰茄花萼中提取出来的花青苷类，色泽自然，无毒，还兼有营养和药用价值，符合现代人们崇尚自然、回归自然的消费观念。叶春勇等研究发现，玫瑰茄红色素在 535nm 和 546nm 处有强吸收峰，在 pH2.98~3.46 最稳定，pH > 6.33 就变色，故不宜作碱性食品的着色剂；其耐热性差，最适着色温度在 60℃以下；耐光性差，应避光贮存。金属离子 Na^+、Ca^{2+}、Mg^{2+}、Al^{3+} 对玫瑰茄花色素无不良影响，且能使颜色增加；Zn^{2+}、Mn^{2+} 对该色素溶液稍有影响，但影响不大；Fe^{3+}、Cu^{2+}、Sn^{2+}、Sn^{4+} 等重金属元素对该色素溶液影响最大。目前，对于玫瑰茄红色素的制备方法已有了较多的研究，郑允权等通过萃取、膜分离、大孔树脂分离的组合技术，得到高纯度的玫瑰茄红色素，此工艺简单，成本低，可用于大规模工业化生产。姚德坤等采用超高压提取结合膜设备和大孔吸附树脂进行花青素的纯化，得到了高纯度的玫瑰茄红色素。刘雪辉等建立了高速逆流色谱法制备分离玫瑰茄花色苷的方法，操作简便，重现性好，适于玫瑰茄中高纯度花色苷大量制备。玫瑰茄红色素可广泛用作酸性饮料、糖果、冰淇淋、果酒等食品的着色剂。

■ 四、玫瑰茄籽油

20 世纪 80 年代，印度等国家未解决食用油供求矛盾，为了开发利用新的植物油源，对玫瑰茄籽做了大量研究，印度安得拉普德希大学食品与营养系 G. Sarojini 等人认为"玫瑰茄种子油已鉴定为良好的油源"。另据陈木赠、刘东风等研究发现，福建玫瑰茄籽含油量为 18%~22%，粗蛋白含量为 25%~28%，有较高的开发利用价值。从玫瑰茄籽油脂肪酸组成来看，油酸与亚油酸的总和为 72%~83%，是一种优良的食用油。

■ 五、食品包装材料

目前，智能包装中的新鲜度指示剂多为化学染料，然而化学合成试剂具有一定的毒性，因此以花青素作为指示剂，制备 pH 敏感型新鲜度指示膜成为近几年的研究热点。Zhang 等以玫瑰茄花青素提取物制备的智能指示膜，根据指示膜的颜色可检测肉类新鲜度，具有良好的应用潜力。Zhai 等将玫瑰茄提取物添加到淀粉和聚乙烯醇中，以改善这两种物质的相容性，最后制得可用于实时监测 4℃下鱼类的新鲜度的指示膜。贾代涛等以 PP 为基膜，乙酸改性后玫瑰茄花青素为新鲜度指示剂，聚乙烯醇水溶液为基液，使用旋涂法制备了一种新鲜度指示薄膜，具有一定的商业潜力。

■ 六、药妆领域的应用

玫瑰茄除在食品领域有广泛的开发利用之外，在药妆方面的应用也正不断地兴起。郭红辉等研制的玫瑰茄提取物的美白保湿面膜精华液能够减轻辐射带来的损伤，具有自由基清除功能，通过改善色素沉积，促进皮肤更新，从而达到美白、保湿和滋养皮肤的效果。马婧等研制的玫瑰茄减肥膏，由玫瑰茄提取物、艾叶提取物、姜油等制备而成，该款减肥膏稳定性好，功效成分可进入皮肤脂肪层发挥作用，具有显著的减轻体重效果。王一飞等研制的玫瑰茄干细胞冻干粉眼霜，利用玫瑰茄干细胞的抗氧化、刺激人皮肤角化细胞增殖和抗衰老的功能，使得产品具有高效修复眼部受损细胞、抗皱、消除黑眼圈和眼袋、紧致眼部肌肤的功效。刘颖研制的美白祛斑且预防泌尿系统感染的组合物，主要成分有玫瑰茄提取物、蔓越莓提取物、葡萄籽提取物，能从全方位、多靶点角度实现美白淡斑、预防女性泌尿系统感染，并且能以最小量达到较好的效果。

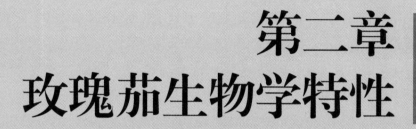

第二章
玫瑰茄生物学特性

第一节　植物学特征

一、根

　　玫瑰茄的根均为直根系，由主根和侧根组成，主根发达粗壮，旺长期深度可达 0.5m 以上，侧根也相当发达，侧根形成的根冠直径 0.8~1.0m、深度约 20cm。玫瑰茄苗期生长迅速，喜湿润潮湿气候，快速生长期对雨水需求少。雨季时，地表附近根部会长出不定根，用来吸收营养和完成呼吸作用，另外雨季应防止积水沤根。干旱季节要及时灌水，防治根系早衰影响产量。玫瑰茄生长中后期，特别是连作土壤根腐病危害严重，在主根系和侧根系均可发病。

二、茎

　　茎多直立，分枝多，分枝节间短，少数有匍匐，茎圆柱形，茎横切面由外向内依次为表皮、皮层、韧皮部、形成层、木质部和髓腔，髓腔内有白色蜡质。全茎木质化程度高，茎表面颜色主要为紫红色，其次有绿色带斑点和紫色。株高一般在 1.5~2.0m，纤维用玫瑰茄（玫瑰麻）株高可达 3.0m 以上，有的高达5m。茎粗 2~3cm，茎节长度不一，节间长度 1~15cm，地上部 3~6cm 开始第一节位，全茎节数一般在 10~60 节。多数品种有腋芽，腋芽在种植密度低的条件下会发育成侧枝。

三、叶

　　玫瑰茄为双子叶植物，子叶对生，叶片单片，互生在茎上，呈螺旋式排列。叶片表面分为有刺和无刺类，其中生产用的基本没刺；叶颜色分绿色、绿色带红斑、红色等类型；叶缘分布有均匀锯齿形；具体类型较多，分为掌状叶、羽状叶、指状叶等，叶片形状（第六片以上）分为近圆形、近心形、近掌形等。叶柄颜色有绿色和深红色等。

四、花

玫瑰茄花为离瓣花冠，花冠形态较大，花 5 瓣，一般花直径为 8~12cm，花冠为淡红色、黄色、红色，生产上种的多为淡红色，花喉紫红色。花药着生在花柱上，花药多为浅黄色，柱头颜色多为紫红色，少数为浅黄色，柱头一般较短。玫瑰茄花为常异交授粉类型，传粉方式为虫媒，花粉一般凌晨就开裂，花粉开裂后，花粉团具有较强黏性，蜜腺发达，容易吸引昆虫进行传粉。

五、果实

玫瑰茄果荚的颜色，可分为红、绿、紫红等颜色。生产上多选择肉质较好，观赏性、食用性强的玫瑰茄品种；与之相反，纤维性玫瑰茄品种的肉质较差，果荚毛刺多，从食用角度来看，不宜选用。玫瑰茄果荚为长筒状或卵圆形，肉质萼片仅仅包裹住。瑰茄茄荚果自开花起 28~35 天即可采摘食用或加工，采收期较短；一旦荚果过度成熟，其内部种子易开裂，肉质萼片商品性下降。

六、种子

玫瑰茄种子，有三角形、肾形和亚肾形等籽粒。玫瑰茄果实成熟后，种皮也由绿色变为褐色，硬度增加。种皮颜色丰富，主要棕褐色、灰褐色等颜色；种皮表面表现差异较大，有平滑形、皱褶形等；玫瑰茄种子种皮较厚，占比几乎超过40%；种仁淡黄色，油脂含量丰富，且不饱和脂肪酸高。玫瑰茄单果种粒数一般在 20~30 粒，种子千粒重 30~40g，玫瑰茄种子亩产可达 50kg 以上。保存条件以含水量 8% 以下，温度 4℃保存效果较好。

第二节　生长特性

一、温度

玫瑰茄属于短日照作物，性喜温暖，耐热怕寒，不耐霜冻。8℃以下停止生长，当气温20℃、地温15℃左右时种子即可发芽。随温度升高，种子发芽时间缩短，发芽率增高。种子发芽最适温度为20~25℃，营养生长要求22℃以上，低于10℃生长趋于停止。株高、茎粗营养生长高峰在7~8月，此时高温高湿达到玫瑰茄生长适宜条件。此条件下，果实发育快，产量高，品质好。玫瑰茄开花多少与温度高低具有相关性，在短日照条件下，日均温28℃左右为最适合开花温度。

二、水分

玫瑰茄耐旱、耐湿，但不耐涝。不同生长发育阶段对水分需求明显不同，苗期气温低，生长量低，阴雨多湿，对水分需求量小，注意排水，有利于玫瑰茄根系快速生长，若土壤湿度过大，易诱发幼苗立枯病；进入旺长期，植株生长势旺盛，叶面积增大，夏季气温偏高，蒸腾作用显著，玫瑰茄需水量较大，此时缺水容易引起根系早衰，抑制植株生长的现象；开花和采摘期，对水分需求量不大。在生长期积水、高肥土壤中，易感枯萎病、白绢病，发病率高达40%以上，干旱山地，甚至新开荒山种植，极少发病。

三、光照

玫瑰茄是强光性作物，喜强光，要求光照时间长，光照充足。光照强弱和时间长短对植株生长和果实发育有重要影响，应选择向阳地块，加强通风透气，注意合理密植，以免互相遮阴，影响通风透光。日照时数对现蕾开花期有明显影响。

■ 四、营养

玫瑰茄属于速生经济作物，对水肥需求量大，对氮肥和钾肥反应敏感，对磷肥反应相对不敏感。氮肥不足会导致植株发育不良、株形较小，氮肥过量会导致玫瑰茄叶茂盛、生物量大，也不利于玫瑰茄坐果。每次采收玫瑰茄后，追施复合肥，可提高土地肥力，保证玫瑰茄稳产和品质。玫瑰茄生长后期，留种时需要增施钾肥，可以显著提高玫瑰茄种子产量，因此合理施肥和追肥对玫瑰茄生育期具有重要意义。

■ 五、土壤

玫瑰茄属直根系，侧根发达，扎根深，耐旱不耐涝，适应性广。在中等或中下肥力的沙质壤土和 pH6~8 的土壤中生长良好；肥地种植分枝多，萼片肥厚，产量高，但易徒长倒伏而影响产量；过于瘦薄、黏重的土壤生长不良，易产生白化苗等生理性病害。生长期中排水不良易染根腐病，烂根死亡。收获时如遇阴雨，花萼易霉变，直接影响产量和品质。玫瑰茄土壤适应性广，平原、丘陵、山地栽培都可，红黄壤、青紫泥、砾石沙土、黏土种植均可成功，以半熟化黄泥土为好。玫瑰茄可与矮秆作物如花生、豆类等或未投产的果树园等进行行间套种。同一块土地一般连作两年为好，继续连种易感病。

第三章
玫瑰茄种质资源

目前，国内保有的玫瑰茄资源或品种有以下几种。

一、85-108

①种质资源：引进品种。

②原产地或来源地：杭州。

③种质类型：遗传材料。

④特征特性：主要特性如下。

植物形态：植株直立；株高：0.8m；分枝习性：分枝多；叶形：掌状深裂；叶色：绿色；叶柄色：红色；腋芽：有；托叶：有；茎表面：无毛；中期茎色：红色；萼片颜色：紫红色；花冠色：淡红色；果形：桃形；果刺：有。

⑤物候期等。

出苗天数：4 天；现蕾期：165 天，开花期：180 天，成熟期：210 天；单果鲜重：15.4g；果长：4.7cm；果径：3.1cm；单株果数：约 130 个。种子性状：亚肾形；颜色：棕色；千粒重：20.8g；抗寒性：不抗；耐贫瘠性：耐。

二、H159

①种质资源：引进品种。

②原产地或来源地：湖南。

③种质类型：遗传材料。

④特征特性：主要特性如下。

植物形态：植株直立；株高：2.1m；分枝习性：分枝少；叶形：掌状深裂；叶色：绿色；叶柄色：绿色；腋芽：有；托叶：有；茎表面：有毛；中期茎色：绿色；萼片颜色：淡绿色；花冠色：黄色；果形：桃形；果刺：有。

⑤物候期等。

出苗天数：6 天；现蕾期：165 天，开花期：180 天，成熟期：220 天；单果鲜重：14.6；果长：4.8cm；果径：3.3cm；单株果数：约 60 个。种子性状：三角形；颜色：棕色；千粒重：19.3g；抗寒性：不抗；耐贫瘠性：耐。

三、MG4

①种质资源：引进品种。

②原产地或来源地：漳州。

③种质类型：遗传材料。

④特征特性：主要特性如下。

植物形态：植株直立；株高：1.0m；分枝习性：分枝多；叶形：掌状浅裂；叶色：绿色；叶柄色：红色；腋芽：有；托叶：有；茎表面：无毛；中期茎色：红色；萼片颜色：紫红色；花冠色：淡红；果形：近圆形；果刺：无。

⑤物候期等。

出苗天数：4 天；现蕾期：约 120 天，开花期，约 140 天；成熟期：约 180 天；单果鲜重：16.5g；果长：436mm；果径：399mm；单株果数：120 左右。种子性状：亚肾形；颜色：棕色；千粒重：30.4g；抗寒性：不抗；耐贫瘠性：耐。

四、白桃 K

①种质类型：引进品种。

②原产地或来源地：广东。

③种质类型：地方品种。

④特征特性：主要特性如下。

植物形态：植株直立；株高：1.5m；分枝习性：分枝多；叶形：掌状浅裂；叶色：浅绿；叶柄色：淡红；腋芽：有腋芽；托叶：有；茎表面：无毛；中期茎色：淡红绿色；萼片颜色：白色；花冠色：黄色；果形：桃形；果刺：无。

⑤物候期等。

出苗日数：4 天；现蕾期：140 天，开花期：160 天，成熟期：200 天；单果鲜重：18.6g；果长：5.7cm；果径：3.5cm；单株果数：约 130 个。种子性状：亚肾形；颜色：棕色；千粒重：39.6g；抗寒性：不抗；耐贫瘠性：耐。

五、红叶玫瑰茄

①种质资源：引进品种。

②原产地或来源地：海南。

③种质类型：野生资源。

④特征特性：主要特性如下。

植物形态：植株直立；株高：1.8m；分枝习性：分枝多；叶形：掌状浅裂；叶色：红色；叶柄色：红；腋芽：有；托叶：有；茎表面：有毛；中期茎色：红；萼片颜色：红；花冠色：红；果形：桃形；果刺：多。

⑤物候期等。

出苗天数：6天；现蕾期：165天，开花期：180天，成熟期：210天；单果鲜重8.3g；果长：5.1cm；果径：1.9cm；单株果数：约130个。种子性状：三角形；颜色：棕色；千粒重：8.0g；抗寒性：不抗；耐贫瘠性：耐。

六、马铺玫瑰茄

①种质资源：引进品种。

②原产地或来源地：漳州云霄。

③种质类型：地方品种。

④特征特性：主要特性如下。

植物形态：植株直立；株高：1.5m；分枝习性：分枝多；叶形：掌状浅裂；叶色：绿色；叶柄色：淡红绿色；腋芽：有；托叶：有；茎表面：无毛；中期茎色：淡红绿色；萼片颜色：淡红色；花冠色：黄色；果形：桃形；果刺：无。

⑤ 物候期等。

出苗天数：5天；现蕾期：140天，开花期：160天，成熟期：210天；单果鲜重：19.5g；果长：5.8cm；果径：3.4cm；单株果数：约130个。种子性状：三角形；颜色：棕色；千粒重：42.8g；抗寒性：不抗；耐贫瘠性：耐。

七、泰玫76

①种质资源：引进品种。

②原产地或来源地：湖南。

③种质类型：遗传材料。

④特征特性：主要特性如下。

植物形态：植株直立；株高：3.2m；分枝习性：分枝多；叶形：掌状浅裂；叶色：

绿色；叶柄色：绿色；腋芽：有；托叶：有；茎表面：有刺；中期茎色：绿色；萼片颜色：红绿相间；花冠色：黄色；果形：圆形；果刺：有。

⑤物候期等。

出苗天数：5天；现蕾期：170天，开花期：185天，成熟期：240天；单果鲜重：12.7g；果长：2.7cm；果径：3.0cm；萼片厚度：0.2cm；单株果数：约150个。种子性状：三角形；颜色：棕色；千粒重：30.5g；抗寒性：抗；耐贫瘠性：耐。

■ 八、85-103

①种质资源：引进品种。

②原产地或来源地：湖南。

③种质类型：遗传材料。

④特征特性：主要特性如下。

植物形态：植株直立；株高：3.5m；分枝习性：分枝多；叶形：掌状浅裂；叶色：绿色；叶柄色：绿色；腋芽：有腋芽；托叶：有；茎表面：有毛；中期茎色：紫红色；萼片颜色：淡红色；花冠色：黄色；果形：桃形；果刺：无。

⑤物候期等。

出苗天数：4天；现蕾期：150天，开花期：175天，成熟期：250天；单果鲜重：10.6g；果长：2.8cm；果径：2.4cm；单株果数：约120个。种子性状：三角形；颜色：棕色；千粒重：22.1g；抗寒性：抗；耐贫瘠性：耐。

■ 九、闽玫瑰茄1号

①种质资源：引进品种。

②原产地或来源地：漳州漳浦。

③种质类型：选育品种。

④特征特性：主要特性如下。

植物形态：植株直立；株高：1.6m；分枝习性：分枝多；叶形：掌状浅裂；叶色：绿色；叶柄色：红色；腋芽：有腋芽；托叶：有；茎表面：无毛；中期茎色：紫红色；萼片颜色：紫红；花冠色：淡红色；果形：桃形；果刺：无。

⑤物候期等。

出苗天数：4天；现蕾期：120天，开花期：145天，成熟期：180天；单果鲜重：

20.6g；果长：5.8cm；果径：4.0cm；单株果数：约120个。种子性状：亚肾形；颜色：棕色；千粒重：41.1g；抗寒性：不抗；耐贫瘠性：耐。

■■ 十、闽玫瑰茄 2 号

①种质资源：引进品种。

②原产地或来源地：漳州。

③种质类型：选育品种。

④特征特性：主要特性如下。

植物形态：植株直立；株高：1.5m；分枝习性：分枝多；叶形：掌状浅裂；叶色：绿色；叶柄色：红色；腋芽：有；托叶：有；茎表面：无毛；中期茎色：红色；萼片颜色：紫红色；花冠色：黄色；果形：桃形；果刺：有。

⑤物候期等。

出苗天数：5天；现蕾期：140天，开花期：160天，成熟期：210天；单果鲜重：8.7g；果长：4.7cm；果径：3.0cm；单株果数：约150个。种子性状：三角形；颜色：棕色；千粒重：30.5g；抗寒性：不抗；耐贫瘠性：耐。

第四章
玫瑰茄栽培与
管理技术

第一节　育苗要求与注意事项

一、壮苗标准

壮苗的特征是：生长健壮，高度适中，茎粗节短；叶片较大，生长舒展，叶色正常或稍深有光泽；子叶大而肥厚，子叶和真叶都不会早脱落或变黄；根系发达，尤其是侧根多，定植时短白根密布在育苗基质块的周围；幼苗生长整齐，既不徒长，也不老化；无病虫害。徒长苗茎蔓细长，叶薄色淡，叶柄较长，这往往是由于天气原因，致使苗床水分较足，无法及时定植造成的。徒长苗抗逆和抗病性相对较差，定植后缓苗慢，生长慢。老化苗茎细弱发硬，叶小发黄，根少色暗。老化苗定植后返苗慢。

玫瑰茄壮苗形态特征：苗龄约30天达到3叶1心或4叶1心；同时子叶大而厚，叶色绿；整株生长健壮，茎粗，节间短，根系多而密。壮苗一般抗逆性强，定植后发根快，缓苗快，生长旺盛，开花结果早，产量高，是理想的幼苗。

二、育苗关键技术

1. 适宜播期

热带和亚热带地区4月下旬至5月上中旬播种，长江中下游地区5月份播种；育苗移栽播种可以适当提前。

2. 育苗注意事项

在露地搭临时高棚或标准棚遮雨育苗。春末夏初，温度较高，浸种催芽操作简单。育苗操作注意事项：①防治玫瑰茄苗期猝倒病、霜霉病、病毒病等发生。②保证充足的光照和水分供应，预防高脚苗和灼伤苗产生。③生理苗龄为3叶1心，及时组织育苗移栽。

3. 幼苗长势

发芽期外界条件适宜，生长发育好，幼苗下胚轴距地3~4cm，播后4天两片子叶呈 75°角张开，经 5~6 天展为水平状。两子叶肥大，色浓绿，叶缘稍上卷，呈匙形。通常壮苗的植株呈长方形，节间长度适中，叶面积大，叶缘缺刻少而浅。而徒长苗的植株呈倒三角形，节间长，叶面积大。老化苗的植株为正方形，节间短，叶面积小。

4. 苗期生育诊断

（1）长相异常

播后胚根不下扎且变粗；或苗子叶小而扭曲，子叶下垂，根发锈色，叶缘呈黄色暗线；或从子叶开始，叶片由下而上逐渐干枯脱落，直至只剩下顶部少数新生小叶（生理性枯干）。上述症状多由地温低引起。

（2）植株生长缓慢

玫瑰茄出苗后，子叶小，叶缘下卷，呈反转匙形，这往往是由于气温低引起的。迅速降温造成冻害时，可能出现子叶叶缘上卷、变白枯干的现象。

（3）苗期灼烧现象

玫瑰茄苗上午打蔫，叶片呈焦枯状，可能是阳光过强引起的灼烧，或地温低且土壤湿度大引起的沤根所致。

（4）高脚苗现象

由于夜晚温度过高，白天光照不足，通常会引起苗茎长而细弱，叶片薄而色淡，手握有柔软感，俗称"高脚苗"现象。

（5）幼苗萎缩症状

幼苗萎缩不长，叶片老化僵硬，叶色墨绿，可能是土壤水分不足造成的。

（6）皱缩叶现象

叶片与叶脉夹角小，叶脉间叶肉隆起，叶片发皱，叶色墨绿，叶面积小，多为夜温过低所致。

（7）大叶症状

茎与叶柄夹角小，叶柄呈直立状，而叶片与叶柄夹角大，叶柄长，叶片大而薄，叶缘缺刻小，几乎呈圆形叶，此为夜温高造成的。

（8）小叶症状

叶柄与茎夹角大，节间短，茎和叶片生长均受到一定抑制，从而使叶面积变小。这是肥料过多或连阴天光照不足引起。

第二节　常规育苗

常规育苗也称普通育苗，也就是一般的土床育苗。

■ 一、营养土的配制及床土消毒

1. 营养土的配制

育苗营养土是幼苗生长的基质，也是幼苗所需无机盐的来源。营养土配制的好坏，直接影响到幼苗生长的质量。配制营养土的要求是：①疏松，通透性好。②肥沃，营养齐全。③酸碱度适宜，一般要求中性到微酸性，其中不含对幼苗有害的物质。④不含或少含有可能危及幼苗的病原菌和害虫（包括卵）。

除有特殊要求外，一般配制营养土采取如下原料和配比：配制播种床用的营养土时，主料是肥沃园土6份，腐熟厩肥、圈肥或堆肥4份。配制分苗床用的营养土时，主料是肥沃园土7份，腐熟厩肥或圈堆肥3份；辅料是每立方米主料里加腐熟的大粪干或鸡禽粪20kg左右，过磷酸钙0.5~1kg，草木灰5~10kg，也可用氮磷钾复合肥0.5~1kg代替草木灰和过磷酸钙。所用原料都要充分捣碎、捣细、过筛后充分混匀。必要时，在搅拌混合的同时，喷入杀菌和杀虫的农药进行消毒。

2. 床土消毒

为了防治苗期病虫害，除了注意选用少病虫的床土配料外，还应进行床土消毒。常用的消毒方法有以下2种。

（1）甲醛消毒

用甲醛溶液的150~300倍液浇在营养土上，混拌均匀后，用塑料薄膜覆盖5~7天，揭膜后即可装营养杯待用。该消毒法主要用于防治猝倒病及菌核病。

（2）多菌灵等农药消毒

多菌灵能防治多种真菌病害，对子囊菌和半知菌引起的病害防治效果很好。用50%的可湿性粉剂，每平方米苗床药量为1.5g，按1：20的药土比例配制成土撒在苗床上，可有效防治根腐病、茎腐病等苗期病害。

3. 营养土的铺设

配制好的营养土，有的是直接铺到苗床上，有的需要装营养钵（筒、袋）。直接铺床的，播种床一般铺 8~10cm 厚的营养土，每平方米苗床约需 100kg；分苗床或一次播种育成苗床，床土厚度要达到 12cm 左右，每平方米苗床约需营养土 120kg。营养土里不准掺入菜地土、未经腐熟的粪肥或饼肥，以及带氯离子的化肥、碳酸氢铵、尿素等。为了增加床土的疏松通透性，也可掺入过筛的炉渣。将培养食用菌后废弃的培养料经过夏季高温发酵后（称菌糠）用来配制营养土，效果更好。

二、育苗场地选择

1. 地块选择

春季育苗应选择背风、向阳、平坦的地块，最好是北侧有建筑物、树林等自然屏障，南侧地势开阔，以避免早晚冷风侵袭，并能充分利用太阳光，提高地温和气温。

2. 地块地势与排水

选择地下水位低、排水良好，以避免由于土壤水分过多造成地温低，致使幼苗烂根以及苗期土传病害的发生。

3. 水电源管理

育苗场所附近应有水源和电源，以便于苗期浇水、铺设电热温床和人工补充光照等。育苗场所应距栽培田较近，并且交通方便，以便于苗期管理和运苗。

4. 土壤质量

土壤应疏松、肥沃，透气性良好，保水保肥能力强，增温快，土壤酸碱度以 pH 6.0~6.8 为宜。

三、播种前的种子处理

1. 种子消毒

玫瑰茄种子表皮上常附有多种病原菌，带菌的种子播种后，会导致幼苗或成株发生病害。因此，播种前必须进行种子消毒。常用的方法有以下几种。

（1）干热消毒

该方法具有良好的消毒作用，尤其对侵入种子内部的病菌和病毒有独特的消毒效果，多在大型种子公司进行。其具体方法是：将干燥的种子放入精度很高的种子风干柜里，经多级升温干燥后，种子含水量一般不高于 5% 之后，将温度调至 70℃ 的干热条件下处理 72h。该方法对带病毒等的种子处理效果非常好，但对许多蔬菜种子会明显降低发芽率。目前主要在甜瓜、西瓜、南瓜类种子上应用较多，在玫瑰茄上还未见有实用性报道，若要使用，一定要事先做好试验，否则会影响种子的生活力。

（2）种子粉衣处理

使用此方法进行种子消毒，注意用药量不能过大，药粉用量过多会影响种子发芽，过少则效果差，所以要严格掌握用药量。一般用药量为干种子重量的 0.1% ~0.4%，多数为 0.3%，并使药粉充分附着在种子上。常用的药剂有 70% 敌磺钠粉剂、50% 福美双、多菌灵等。拌过药粉的种子一般是直接播种，不宜放置过久。

（3）药液浸种

将种子放入配制好的药液中，以达到杀菌消毒的目的。其方法很多，常用的有 25% 苯菌灵可湿性粉剂或者 50% 多菌灵可湿性粉剂 400 倍液浸种 10min。如预防炭疽病、疫病、枯萎病，用 40% 甲醛 100 倍液浸种 30min。药液浸种要求严格掌握药液浓度和浸种时间，药液浸种后，立即用清水冲洗去种子上的药液，催芽播种或晾干备用。

2. 浸种处理

玫瑰茄的种子表皮稍厚，如果直接将种子播到大田，发芽缓慢，幼苗出土参差不齐，缺苗率比较高。因此，播种前应进行浸种催芽。

一般采用温汤浸种，将种子浸入 40~45℃ 的温水中，边浸边搅动，并随时补充温水，保持 40℃ 水温 10min 后，再倒入少许冷水使水温降至 30℃ 左右进行浸种，浸种时间为 4~6h。玫瑰茄种皮吸水能力比较强的，在 30℃ 条件下，浸种 4~6h，多数玫瑰茄品种都能达到适宜发芽的种子含水量。

3. 催芽

种子经浸泡后，放置在适宜的温度下使其发芽。催芽过程主要是满足种子萌发所需要的温度、湿度和氧气条件。目前，玫瑰茄催芽常采用恒温催芽法。

将浸过的玫瑰茄种子捞起，稍晾一下即可用多层潮湿的纱布或毛巾等包起，放入 28~32℃的恒温箱中催芽。如果没有恒温箱，则可把玫瑰茄种子放入一个瓦缸或铁桶内，上挂一盏 40~60W 的电灯，日夜加温，缸口要加盖，以保持恒温环境。将一温度计放入瓦缸或铁桶内，使温度保持在 28~32℃。种子干燥时应喷水，使种子保持湿润。当大部分种子露白时，停止催芽。

四、播种

1. 做床

在温室里做畦，畦宽 1.0~1.5m，装入 12cm 厚配制好的床土。床土应充分暴晒，以提高土温，防止苗期病害。播种前耙平，稍加镇压，再用刮板刮平。

2. 浇底水

床面整平后浇底水，一定要浇透，以湿透床土 12cm 为宜。浇足底水的目的是保证出苗前不缺水、不浇水，否则会影响正常出苗。底水过少易"吊干芽子"。在浇水过程中如果发现床面有不平处，应当用预备床土填平。浇完水后在床面上撒一层床土或药土。

3. 播种

玫瑰茄采用点播，在浇底水后按方形营养面积纵横画线，把种子点播到纵横线的各个交叉点上。

4. 覆土

播种后多用床土覆盖种子，而且要立即覆盖，防止晒干芽子和底水过多蒸发。盖土厚度一般为种子厚度的 3~5 倍，玫瑰茄覆土厚度 1.0~1.5cm。如果盖土过薄，床土易干，种皮易粘连，易"戴帽"出苗。盖土过厚，则出苗延迟甚至造成种子窒息死亡。若盖药土，宜先撒药土，后盖床土。

五、苗期管理

育苗期管理的好坏，直接影响到幼苗的质量，也会影响到以后的营养生长和产量。整个苗期可分为发芽期、子苗期、移植期和成苗期 4 个生育期阶段。各个阶段都有各自的生长发育中心,应采取相应的管理措施才能收到良好的育苗效果。

1. 发芽期的管理

从玫瑰茄种子萌动到第一对真叶展开为发芽期。该期主要是保证幼苗出土所需的较高的温、湿度。齐苗后,应及时降温,白天为 25~30℃,夜间为 15℃,以防止幼苗徒长。常见问题及应对措施如下。

（1）出苗慢而不整齐

其原因有如下情况:种子陈旧或受冻;种子吸水不足或过量;床土过干或过湿;覆土过深;床温过低等,所以在玫瑰茄种子发芽过程中应创造种子发芽适宜的土壤水分、温度和氧气。育苗时最大限度地提高床温,这是实现一次播种保全苗的关键技术环节。

（2）幼苗"戴帽"现象

子叶是幼苗早期主要的养分制造器官,如果"戴帽"不能及时地解除,将影响子叶展开时间或引起子叶损伤、畸形,影响幼苗前期养分的制造。如果覆土太浅导致挤压力不够,床温低,导致幼苗出土时间太长,种子秕瘦拱土乏力,都有可能造成种子出土"戴帽"。补救方法是向幼苗上喷水,使种壳湿润,创造子叶自行"脱帽"的条件。必要时要趁种壳湿润的时候,人工帮助"摘帽"。

（3）苗子病弱

其原因多是床温低、苗子出土时间过长、消耗养分多、被病菌侵染等。苗床消毒可能减少被感染的机会,但却解决不了苗子出土时间长造成的苗子瘦弱的问题。

（4）烂种或沤根

种子活力低下;浸烫种时温度过高,种子被烫伤;种子浸泡时间过长,有害物质的积累造成种子已经中毒;苗床里施入了未经腐熟的粪肥、饼肥或过量的化肥,化肥与土混合不均匀或种子沾上了饼肥;病菌侵入;床土过湿且温度低,种子较长时间处于无氧或少氧条件等,均可能造成烂种。

沤根是一种生理病害。床温低、湿度大、床土中掺有未经腐熟的粪肥等,可能导致沤根。发生沤根的植株一般表现为根少,锈色,难见发生新根;茎叶无病症,但幼苗却萎蔫,很容易拔起;根的外皮黄褐色,腐烂,叶片发生焦边、干枯或脱落,直至植株死亡。首先,要针对发生原因采取相应措施加以避免;其次,要早发现,通过灌施萘乙酸促发新根。

（5）幼苗死亡或徒长

不良的环境条件有时会造成不明原因的死苗。高湿、弱光、高温，特别是高夜温，会造成苗子徒长；高湿又会使得比较脆弱的幼苗发生病害。这一时期创造优良的环境条件，对培育壮苗至关重要。主要的管理措施如下：①逐渐加大放风。80%的幼苗出土时开始通风，逐渐加大通风量，降低温度，特别是夜温。②使幼苗尽量多见光。即使阴天，只要温度允许，也要揭开温室的草苫或苗床上的塑料薄膜，争取使幼苗多见一些光。③搞好"片土"。在苗床上定期撒一层潮湿细土，不仅有利于苗床保墒，降低温度，而且有利于促进不定根的发生。这是培育壮苗的一项有效措施。"片土"要等到植株上的水珠干后再进行，一次"片土"厚1cm左右，一般进行2~3次。④发现病株，要及时用药防治。

2. 幼苗期的管理

从第一对真叶显露到5片真叶展开为幼苗期。这一时期幼苗生长表现为茎秆伸长，叶片增加，根系不断扩大，苗顶主茎叶原基全部形成，花芽分化已经完成。这一时期管理的目标是适当控制茎叶生长，促进花芽的分化形成和根系的发展。管理工作包括以下3项。

（1）分苗对幼苗生育影响

分苗对幼苗生育的影响有两个方面：一方面是分苗后，幼苗会在不同程度上产生水分蒸发的现象，发生短时间的生理干旱，抑制幼苗的正常生长和花芽分化，甚至造成减产；另一方面，由于分苗切断主根，能促进侧根的发生，分苗后幼苗的总根数增加，根系分布比较集中，可减轻定植时对根系的伤害，对定植后的成活、缓苗有一定的良好作用。此外，由于分苗扩大了幼苗的营养面积，发育良好，幼苗质量也能得到提高。

（2）分苗管理

①分苗时期：幼苗植株比较大，花芽开始分化的时间相对较早，分苗要早些，宜在幼苗（子叶期）移植。

②分苗技术：分苗前要准备好分苗苗床，铺好床土，分苗床的床土厚度要求达10cm，分苗前要降低原苗床的温度，减少湿度，给以充足的光照，以增强原苗的抗逆性，以利于缓苗。移苗前对原苗要做好预防病虫害和叶面施肥。起苗时应手握幼苗的子叶，以免捏伤幼嫩的胚茎，尽量少伤根系，并要注意选苗，淘汰病苗、畸形苗及无生长点的"老公苗"。如果幼苗生长不整齐，应将幼苗按大小分别移植，

便于管理。挖出的苗应立即移栽到分苗床中，不应长期暴露在空气中受风吹日晒而引起失水萎蔫，造成大缓苗；不能立即移栽时，应用湿布覆盖好。栽苗一般采用贴苗法进行，即按预定距离开沟或开穴，浇足量的底水、摆苗、覆土即成。栽苗要注意深浅，一般以子叶露出土面1~2cm为宜。移苗的距离一般为8~10cm见方。

③分苗后的管理：分苗后的管理工作，应该围绕创造一个适当高温、高湿、减少叶面蒸腾保证发根的环境条件来进行，其目的在于保证幼苗的迅速缓苗生长。操作重点应该是密闭保温，争取光照以提高床温，特别是提高土壤温度尤为重要。

（3）缓苗时期管理方法

缓苗初期幼苗叶色正常，遇午间的高温会出现萎蔫甚至倒伏，应适当遮阴，不宜放风。缓苗中期叶色变淡，但新根已开始发生，遇高温时，可适当小放风，如移植时底水过少，此时可补小水1次。缓苗后期幼苗叶色转绿，心叶展开，根系大量发生，可进行正常管理。一般从移植到缓苗生长需要4~7天。缓苗后，浇1次缓苗水。土壤稍干后，中耕、覆土保墒。

3. 成苗期的管理

（1）温度管理

白天温度控制在25~28℃，夜间13~15℃，地温保持在15℃以上。这样，一方面可促进根系生长，另一方面防止幼苗徒长。调节温度主要通过通风与保温防寒来进行。外温低时，采取小通风、断续通风、晚通风、早落风；外温高时，要提前通风，通风量也可加大。连续降雨，气温较高，必须于下雨间隙适当通风，防止幼苗徒长。定植前5~7天，逐渐加强通风，进行炼苗。育苗时，苗期温度管理的关键是遮阴、降温和防蚜虫与粉虱，以防止发生病毒病。

（2）光照管理

光照管理对于玫瑰茄苗期生长非常重要。幼苗期间若没有充足的光照，对于幼苗的生长是非常不利的，严重的话可能会造成死亡，所以应适度增加苗床光照，提升幼苗的光照时间，但也要防止强光暴晒。

（3）水肥管理

苗床缺水要及时补充，严冬季节最好使用在温室里经过预热的温水。浇水一方面不要过量，同时要避免地皮湿、地下干的假象出现。床土按要求配制时，育苗期一般不需要进行土壤追肥。但为克服低温寡日照带来的营养不良，一般多采取叶面喷肥加激素的方法补充营养，刺激生长。

（4）苗期病害防治

玫瑰茄幼苗因子叶内的贮存营养大部分消耗，而新根尚未发育完全，吸收能力很弱，故自养能力较弱、抵抗力低，易感染猝倒病、立枯病、菌核病、疫病等各种病害。对此，可在齐苗后5~7天用霜霉威和甲基硫菌灵各800倍液防治猝倒病等真菌性病害。宜控制育苗温室环境，及时调整并杜绝各种传染途径，做好穴盘、器具、基质、种子及进出人员和温室环境的消毒工作，并辅以经常检查，尽早发现病害症状，及时进行对症药剂防治。在化学防治过程中，注意幼苗的大小和天气的变化，小苗用较低的浓度，大苗用较高的浓度。一次用药后如连续晴天，则可以间隔10天左右再用1次，如连续阴雨天则间隔5~7天再用1次；用药时必须将药液直接喷洒到发病部位；为降低育苗温室空间及基质湿度，以上午用药为宜。对于环境因素引起的病害，关键是去除致病因子。病害防治的关键是加强温、湿、光、水、肥的管理，严格检查，以防为主，保证各项管理措施到位。玫瑰茄在苗期常常会受到菜青虫和小造桥虫的为害，在蕾期常会受到蚜虫和叶蝉的为害，可以选用氧化乐果来防治，但是为了降低农药残留，建议在玫瑰茄果采收前的1个月就停止用药。

主要的病害是猝倒病、根腐病、白化苗。防治猝倒病主要是搞好玫瑰茄地的轮作种植，并且要选用抗病的品种。根腐病主要是因为排水条件不良，施肥方法不当引发的，所以必须提前挖好排水沟，掌握正确的施肥方法。发病可以采用药物治疗，7~10天进行一次，连续施用2~3次进行防治。白化苗主要是因为土壤瘦薄，僵土，所以要注意进行培土施肥，保证土壤疏松，同时还要增施肥料。

4. 定植前的幼苗锻炼

在定植田地与育苗场地的环境条件不相同时，为使幼苗定植后适应栽培场地的环境条件，定植前1周应进行低温炼苗。其具体做法为：逐渐加大通风，白天苗床温度控制在20~25℃，夜间在不遭受霜冻的前提下，保持夜温10~15℃。如采用育苗盘或营养钵（袋）自育自用的，宜把苗分散到温室前坡下；如用营养土块育苗的，要割坨晒坨，定植前一天浇透水。

第三节 保护地育苗

玫瑰茄栽培可采用育苗移栽的方式，需要利用保护设施进行育苗，需要增加防雨、防虫等设施。育苗一般采取露地育苗，此时育苗所遇到的问题是强光、高温、多雨或露水大、病虫害多。对幼苗容易产生的问题是：气温高地温也高，苗子根系发育不好，易徒长；高温、强光、干旱加上虫害严重，易发生病毒病；幼苗遭雨淋或叶面结露易发生霜霉病等多种病害；高温、长日照不利于玫瑰茄的花芽分化。所以，育苗地宜选在排水良好的高处，通风要好，一定要避免窝风。苗畦上要搭高 0.8m 以上的拱棚，遮光、避雨、防露水。营养土一般不用单独严格配制，只在苗畦施入少量细碎的有机肥和化肥即可。临播种一定要浇大水，以降低地温。常见设施育苗有以下几种。

■ 一、遮阳网覆盖育苗

用遮阳网覆盖后能够减弱光强，降低温度，增加湿度，创造适合玫瑰茄幼苗生长的环境条件。遮阳网常用的有黑色、银灰色两种。遮阳网育苗技术要点如下。

①遮阳网应牢固固定在遮阴棚架上，使苗床形成"花阴"。

②育苗床应选在通风干燥、排水良好处，避免暴雨危害。

③遮阳苗床在高温季节，可在保护设施的顶部喷井水，使其形成水膜，既可降低遮阳苗床的温度，又可提高空气相对湿度。

④一般在定植前 3~5 天，进行变光炼苗。先浇 1 次大水，将遮阳网撤去，使幼苗适应定植地的环境条件。

■ 二、尼龙纱覆盖育苗

当前，育苗常常应用尼龙纱覆盖。尼龙纱的种类较多，寒冷纱是生产上常用的一种。寒冷纱常用的有白色、黑色两种，在高温季节，通常使用黑色的寒冷纱，以遮阴降温、防风和减轻暴雨的袭击，还可以避蚜虫和预防病毒病。尼龙纱覆盖技术要点如下。

①在苗床上设小拱棚，上面用尼龙纱覆盖，用压膜线加以固定。

②在播种出苗期间，将尼龙纱盖住整个小拱棚。出苗后，随着幼苗的生长，小拱棚两侧基部的尼龙纱要揭开，或在夜间适当揭除尼龙纱，以利于通风降温，防止发生病害。

③以避蚜为目的的覆盖育苗，则应紧密覆盖。播种时应扩大苗间距，避免徒长。

④在育苗后期加强通风，锻炼幼苗，使其逐渐适应外界环境条件。

三、反光塑料薄膜覆盖育苗

玫瑰茄受病毒病危害，主要因为蚜虫、粉虱等传播病毒，且苗期最易感病。利用蚜虫忌银灰色的习性，在苗期利用银灰色反光塑料薄膜覆盖，不仅可以遮阴降温，而且可有效地预防病毒病的发生。

第四节 设施育苗

一、设施育苗优点

1. 节约成本

设施育苗俗称穴盘育苗，与传统的苗床育苗相比较，此种育苗效率大大提高。早春利用塑料大棚或温室加温育苗，能大幅度提高单位面积的种苗产量，节省电能 2/3 以上，可显著降低育苗成本。

2. 提高幼苗质量

设施育苗能实现玫瑰茄幼苗的标准化生产，通过育苗基质、营养液、生长调节剂等采用科学配方，实现肥水管理和环境控制的机械化和自动化，严格保证幼苗质量。

3. 有利于长距离运输

穴盘育苗，则玫瑰茄幼苗根系发达并与基质紧密缠绕，不易散落不伤根系，易成活，缓苗快，有利于长途运输、成批出售，对发展集约化生产、规模化经营十分有利。

二、设施设备

1. 场地设施

（1）播种车间

播种车间主要由精量播种流水线和一部分的基质、育苗车、育苗盘等组成。播种车间要求有足够的空间，便于播种操作，使操作人员和育苗车的出入快速顺畅，不发生拥堵；同时要求车间内的水、电设备完备，可以 24 小时不间断播种。

（2）催芽室

设有加热、增湿和空气交换等自动控制和显示系统，室内温度在 20~35℃范围内可以调节，空气相对湿度可保持在 85%~90%，催芽室内外、上下温湿度在误差允许范围内相对均匀一致。

（3）育苗温室

规模化的育苗企业要求建设现代化的温室作为育苗温室。要求南北走向，透明屋面东西朝向，保证光照均匀。

（4）保温系统

温室内设置遮阳保温帘，四周有侧卷帘，早春季节育苗前四周加装薄膜保温。

（5）滴灌系统

苗床上部设置灌溉与施肥兼用的自走式微灌设备，保证苗盘内每个育苗孔中的幼苗接受的肥水量相对均匀。

（6）降温排湿系统

育苗温室上部可设置外遮阳网，在夏秋季有效地阻挡部分直射光的照射，同时在基本满足幼苗光合作用的前提下，通过遮光降低温室内的温度。温室一侧配置大功率排风扇，夏秋高温季节育苗时可显著降低温室内的温度和湿度。通过温室的天窗和侧墙的开启或关闭，也能实现对温湿度的有效调节。

（7）补光系统

苗床上部配置光通量 1.6 万 lx、光谱波长 550~600nm 的高压钠灯。在自然光照不足时，开启补光系统可增加光照强度，以满足各种作物对光照的要求。

（8）控制系统

工厂化育苗的控制系统对环境的温度、光照、空气相对湿度和水分与营养液灌溉实行有效的监控和调节。由传感器、计算机、电源、监视和控制软件等组成，对加温、保湿、降温排湿、补光和微灌系统实施准确而有效的控制。

2. 主要设备

（1）穴盘精量播种设备

穴盘精量播种设备是工厂化育苗的核心设备，它包括以 40~300 盘 /h 的播种速度完成拌料、育苗基质装盘，以及刮平、打洞、精量播种、覆盖、喷淋全过程的生产流水线。穴盘精量播种技术包括种子精选、种子包衣、种子丸粒化和各类蔬菜种子的自动化播种技术。精量播种技术的应用可节省育苗劳动力，降低育苗成本，提高育苗效益。

（2）育苗环境自动控制系统

主要指育苗过程中的温度、湿度、光照等的环境控制系统。我国热带、亚热带地区的玫瑰茄育苗是在早春低温季节（平均温度5℃，极端低温5℃以下）或夏季高温季节（平均温度30℃，极端高温35℃以上）进行，而种子发芽、幼苗生长的适宜温度较高，因此建立催芽室、育苗车间的温度控制系统，选择低成本的节能加温方法和保温措施，提高热转换效率，以及夏季降低育苗车间的温度等措施，是获得优质玫瑰茄种苗的技术关键。

育苗基质的含水量和育苗车间内的空气相对湿度不仅直接影响幼苗的生长，而且与温度变化相关。因此，必须根据玫瑰茄在不同生长阶段、不同生产季节的需水规律，育苗温室内的湿度变化与温度变化的相互影响，建立基质含水量的测定和监控、报警系统。

（3）灌溉和营养液补充设备

种苗工厂化生产必须有高精度的喷灌设备，要求供水量和喷淋时间可以调节，并能兼顾营养液的补充和喷施农药。对于灌溉控制系统，最理想的是能根据水的张力或基质含水量、温度变化控制调节灌水时间和灌水量。应根据种苗的生长速度、生长量、叶片大小及环境的温度、湿度状况决定育苗过程中的灌溉时间和灌溉量。

（4）运苗车与育苗床架

运苗车包括穴盘转移车和成苗转移车。穴盘转移车把搬运播种结束后的穴盘运往催芽室，高度及宽度根据穴盘的尺寸、催芽室的空间和育苗的数量来确定。成苗转移车采用多层结构，根据商品苗的高度确定放置架的高度，车体可设计成分体组合式，以利于不同种类园艺作物种苗的搬运和装卸。

■ 三、操作规程

1. 播种催芽

播种前对使用的器具（如育苗盆钵等）进行消毒。常用工具的消毒方法为：用多菌灵400倍液，或甲醛100倍液，或漂白粉10倍液浸泡育苗工具。育苗室内可以用消毒液喷雾消毒或使用硫黄熏蒸消毒。

使用专用基质材料，不必进行消毒；使用合成基质时，对泥炭、珍珠岩、蛭石等均应严格消毒，可采用蒸汽热力灭菌方法进行消毒。玫瑰茄的工厂化育苗常采用72孔或50孔穴盘，使用玫瑰茄育苗专用基质，播种后盘重1.2~1.3kg，浇水后盘重 1.4~1.5kg。催芽室温度 28~32℃，3~4 天后开始出苗，在幼苗顶土时离开催芽室进入育苗室。育苗室温度保持在 22~26℃，齐苗后晴天时白天温度可以设置为 22~28℃，夜间为 15℃。

2. 种苗培育

（1）温度控制

玫瑰茄幼苗生长期间的温度应控制在白天 22~28℃、夜间 15℃。如果天气连续阴雨，夜间温度应适当降低 2℃。

（2）穴盘位置调整

在育苗管理操作过程中，由于灌溉微喷系统各个喷头之间出水量的微小差异，使育苗时间较长的幼苗产生带状生长不均衡，发现后应及时调整穴盘位置，促使幼苗生长均匀。

（3）边际补充

灌溉各苗床的四周边际与中间相比，水分蒸发速度比较快，尤其在晴天、高温情况下蒸发量要大 1 倍左右。因此，在每次灌溉完毕后，均应对苗床四周 10~15cm 处的幼苗进行补充灌溉。

（4）苗期病害防治

玫瑰茄幼苗因子叶内的贮存营养大部分消耗，而新根尚未发育完全，吸收能力很弱，故自养能力较弱、抵抗力低，易感染猝倒病、立枯病、菌核病、疫病等各种病害。对此，可在齐苗后 5~7 天用霜霉威和甲基硫菌灵各 800 倍液防治猝倒病等真菌性病害。宜控制育苗温室环境，及时调整并杜绝各种传染途径，做好穴盘、器具、基质、种子及进出人员和温室环境的消毒工作，并辅以经常检查，尽早发现病害症状，及时进行对症药剂防治。在化学防治过程中，注意幼苗的大小和天气的变化，小苗用较低的浓度，大苗用较高的浓度。一次用药后如连续晴天，则可以间隔 10 天左右再用 1 次，如连续阴雨天则间隔 5~7 天再用 1 次；用药时必须将药液直接喷洒到发病部位；为降低育苗温室空间及基质湿度，以上午用药为宜。对于环境因素引起的病害，关键是去除致病因子。病害防治的关键是加强温、湿、光、水、肥的管理，严格检查以防为主，保证各项管理措施到位。

（5）定植前期炼苗

幼苗在移入大田之前必须炼苗，以适应定植地点的环境。如果幼苗定植于有加热设施的温室，需保持运输过程中的环境温度。对于大多数幼苗而言，在定植于没有加热设施的塑料大棚内，应提前 3~5 天降温、通风和炼苗；定植于露地无保护设施的幼苗，更要严格地做好炼苗工作，定植前 5~7 天逐渐降温，使温室内的温度逐渐与露地相近，防止幼苗定植时遭遇冷害。另外，幼苗移出育苗温室前 2~3 天应施 1 次肥水，并喷洒杀菌剂、杀虫剂，做到带肥、带药出室。

3. 包装运输

种苗的包装技术包括包装材料、包装设计、包装装潢、包装技术标准等。玫瑰茄种苗的包装材料可选择硬质塑料；包装设计应根据穴盘的大小、运输距离的长短、运输条件等，来确定包装规格尺寸、包装装潢、包装技术说明等。

种苗的运输技术包括配置种苗专用运输设备，如封闭式运输车辆、种苗搬运车辆、运输防护架等；根据运输距离的长短、运输条件确定运输方式，核算运输成本，建立运输标准。

4. 种苗定植

设施培育的玫瑰茄种苗春夏以 4 叶 1 心为最佳定植时间，苗龄为 28~35 天。在夏季高温季节，应尽量采用小苗定植，选择 72 孔的穴盘，3 叶 1 心定植，苗龄为 12~15 天。

第五节　田间管理技术

一、选地和整地

由于玫瑰茄的适应性是比较强的，它适宜在丘陵山地、平原地区的酸性的红壤或者是沙壤土中生长。但特别要注意玫瑰茄不适宜连作，否则就容易引起连作障碍。建议选用腐熟的农家肥、堆肥或有机肥，施完之后要进行翻耕，必须把细整平。

二、品种选择

玫瑰茄依据它的收获期可以分为两个类型。

1. 早熟型品种

早熟型玫瑰茄植株通常比较矮小，高度 1.0~1.5m，而且分枝的能力特别强的，分枝的部位也很低。玫瑰茄的枝条比较细软，株形是分散的，所以它不适宜进行密植，每亩种植密度为 400~500 株。早熟型品种的花萼一般为红色，萼片比较薄，果荚略小，每个单株结果的数量在 100~150 个。它的抗寒能力比较强，需肥量比较大，但是耐旱的能力要差一点。适合在初霜比较早的地区来进行栽培。

2. 晚熟型品种

晚熟型玫瑰茄品种的植株较高大，高度在 2m 以上，以一次性的分枝为主，并且枝条比较粗硬，株形是紧凑型，适宜进行密植。晚熟型玫瑰茄的花萼颜色一般深紫红色，萼片比较厚，果荚较大，单株结果的数量在 80~120 个。晚熟型玫瑰茄根系发达，具有较强的抗旱能力，耐受瘠薄，但是抗寒能力比较弱，适合栽种于山地。

三、播种

1. 直接播种法

要选择在 4 月的下旬到 5 月的上中旬来播种。播种之前施足基肥，建议施农家肥，每亩地施 1000~1500kg，磷肥 30~600kg，施基肥注意要选择在雨后的晴天来进行。株密度按照株行距为 1m×1m 来开穴，深度在 10cm 左右，每个穴要点播种子 4~5 粒，注意播种的深度是 3cm，完了之后要覆土厚度是 0.5~1.0cm。用种量是每亩地大约 0.6kg，播种之后的 5~7 天出苗，苗高 15cm 左右开始间苗，每穴留健壮的苗 1~2 株。

2. 育苗移栽法

通过苗床或穴盘育苗法，得到健壮的玫瑰茄幼苗，苗龄 25~30 天的时候，株高 25~40cm 或 4 叶 1 心时，开始移栽。移栽要选择在雨后的晴天或阴天土壤湿润的时候进行，这样成活率要高些。

四、田间管理

1. 摘心和整枝

玫瑰茄植株定植 40 天后，等到下部的叶腋发出了新枝的时候就必须进行摘心。把主茎上 3~4 片的叶位处摘去，促使下部节位的分枝萌发更粗壮。另外，玫瑰茄植株的分枝长到了 10cm 时，就要及时进行整枝，促进花枝的发育，提高保果率。

2. 病虫害防治

玫瑰茄在苗期常常会受到菜青虫和小造桥虫的为害，在蕾期常会受到蚜虫和叶蝉的为害。可以选用低毒农药进行防治，建议在玫瑰茄果采收前的 1 个月就停止用药，减少玫瑰茄果荚农药残留。

主要的病害是枯萎病、根腐病。防治枯萎病主要是做好玫瑰茄地的轮作种植，选用抗病的玫瑰茄品种；根腐病主要是因为排水条件不良，施肥方法不当引发的，所以必须提前挖好排水沟，掌握正确的施肥方法。发病可以采用药物治疗，7~10

天进行 1 次，连续施用 2~3 次进行防治。

3. 适时采收

种植玫瑰茄主要是采收萼片，必须适时的采收，才可以保证产量和品质。收获不可以过早，否则萼片发育不良，果荚小，萼片产量、品质较差；充分成熟的萼片的颜色饱满，肉质肥厚，产量和品质均较高；收获太迟，导致植株会倒伏，下部的萼片有霉烂，色泽差，品质差。在玫瑰茄果开花的 1 个月后，萼片发育充分，颜色由紫色转成深紫色，片尖开始萎缩，果实种子由软变硬并呈现灰褐色，下部的叶片开始脱落，即可进行采收玫瑰茄。

第六节　扦插繁殖技术

关于玫瑰茄采穗生长时期、扦穗部位、植物生长激素和扦插基质等因素对其生根效果的影响未见系统研究报道。因此，分析不同扦插处理方式对玫瑰茄生根效果的影响，对其工厂化育苗和大面积推广应用具有重要意义。

■ 一、基质对玫瑰茄插穗扦插生根的影响

玫瑰茄插穗的生根数排序均为河沙＞营养土＋细黄土＞黏性土壤。其中，花期 MG1 品种生根液处理在河沙基质中生根数最多，达 54.53 条，显著高于黏性土壤基质（$P < 0.05$），较对应的 CK_1 增加 131.85%，但与营养土＋细黄土基质差异不显著（$P > 0.05$）；花期 MG_2 生根液处理在河沙中的生根数为 36.45 条，显著高于黏性土壤基质和营养土＋细黄土基质，较对应的 CK_2 增加 39.12%；营养生长期 MG_1 生根液处理在河沙基质中的生根数达 44.14 条，显著高于黏性土壤基质，但与营养土＋细黄土基质差异不显著，较对应的 CK_3 增加 16.07%；营养生长期 MG_2 生根液处理在河沙基质中的生根数为 34.88 条，显著高于黏性土壤基质和营养土＋细黄土基质，较对应的 CK_4 增加 45.52%。因此，3 种基质中河沙最适宜玫瑰茄扦插生根。

■ 二、基质对玫瑰茄插穗愈伤组织发生率的影响

利用生根液处理两个品系玫瑰茄主茎中部插穗在 3 种基质中扦插后第 3 天的生根率排序为河沙＞营养土＋细黄土＞黏性土壤。其中，在河沙基质中扦插后第 3 天的生根率最高，达 93.34%，显著高于黏性土壤基质，但与营养土＋细黄土基质差异不显著；在营养土＋细黄土基质中扦插后第 3 天的生根率为 90.42%，显著高于黏性土壤基质。而愈伤组织发生率与生根率成反比，其中在河沙基质中扦插后第 3 天玫瑰茄插穗的愈伤组织发生率最低（10.00%），显著低于营养土＋细黄土基质和黏性土壤基质，且在河沙基质中长出的根颜色较白；在营养土＋细黄土基质中扦插后第 3 天玫瑰茄插穗的愈伤组织发生率居中（33.30%），显著低于黏性土壤基质，而长出根的颜色黄白；在黏性土壤基质中扦插后第 3 天玫瑰茄插穗

的愈伤组织发生率最高（66.70%），且长出根的颜色偏黄。上述说明河沙最适宜玫瑰茄插穗生根，而黏性土壤不利于玫瑰茄插穗生根。

三、不同部位插穗对玫瑰茄扦插生根的影响

以河沙为扦插基质开展玫瑰茄不同部位插穗生根效果试验，结果表明，扦插14天后，两个品系玫瑰茄生根液处理的生根数均是中部插穗多于上部和下部插穗及其对应的 CK_1~CK_4。其中，花期 MG_1 生根液处理中部插穗的生根数最多，为22.88条，显著高于相同处理的上部插穗，但与相同处理下部插穗差异不显著，较 CK_1 增加106.31%；花期 MG_2 生根液处理中部插穗的生根数为15.05条，显著高于相同处理的上部插穗，较 CK_2 增加25.42%，但与相同处理下部插穗差异不显著；营养生长期 MG_1 生根液处理中部插穗的生根数为22.61条，显著高于相同处理的上部和下部插穗，较 CK_3 增加29.42%；营养生长期 MG_2 生根液处理中部插穗的生根数为20.00条，显著高于相同处理的上部和下部插穗，较 CK_4 增加127.27%。说明玫瑰茄主茎中部为最佳扦插部位，且生根液处理优于清水处理，MG_1 主茎中部插穗的扦插效果优于 MG_2 主茎中部。

四、不同生长时期玫瑰茄插穗在不同基质中的扦插生根效果

玫瑰茄花期或营养生长期插穗的生根数因处理方式或基质不同而存在差异。其中，花期 MG_1 生根液处理插穗在河沙基质和黏性土壤基质、MG_2 生根液处理插穗在营养土＋细黄土和河沙基质中的生根数均多于营养生长期，尤其花期 MG_1 生根液处理插穗在黏性土壤基质中的生根数显著高于营养生长期；而花期 MG_1 生根液处理插穗在营养土＋细黄土基质、MG_2 生根液处理在黏性土壤基质中的生根数均多于花期，尤其以营养生长期 MG_2 生根液处理在黏性土壤基质中的生根数显著高于花期；营养生长期 MG_1 生根液处理插穗在营养土＋细黄土基质中 CK_1、在河沙基质中 CK_3 及 MG_2 生根液处理插穗在黏性土壤基质中 CK_6 的生根数均显著高于花期。可见，选择花期或营养生长期插穗进行生根液处理均有利于其生根。

五、结论

选取营养生长期或花期玫瑰茄MG1植株主茎的中部为插穗，在生根液中浸泡20min后于河沙基质中扦插，生根效果优于其他处理方式。

第七节 日照时长对玫瑰茄主要农艺性状的影响

为了进一步提高玫瑰茄产量、经济效益以及土地的复种指数，采用短日照处理可在夏季长日照条件下收获玫瑰茄鲜果和鲜萼片，比正季提前上市，具有价格优势，可提高玫瑰茄复种指数和种植经济效益。不同短日照时长对玫瑰茄主要农艺性状的影响，旨在筛选出诱导玫瑰茄开花的适宜短日照时长。适宜的短日照时长处理不仅诱导玫瑰茄提早开花且主要产量性状优良，也为提高玫瑰茄复种指数和种植经济效益提供技术支撑。

一、日照时长对玫瑰茄表型性状的影响

试验表明，不同处理间植株叶片颜色、长势存在差异。CK处于自然光照条件下，植株粗壮，叶片浓绿，长势好；日照11.0h处理，植株粗壮，叶片浓绿，花蕾正常且着色均匀；日照8.0h处理，植株徒长，茎细长，叶片淡绿，变态花蕾多，花蕾呈现红绿相间条纹，基部为橘红色且着色不均匀；日照9.5h处理，表现的农艺性状介于11.0h和8.0h处理之间；群体长势强弱依次为CK > 11.0h > 9.5h > 8.0h。

二、日照时长对玫瑰茄花期的影响

不同处理下，玫瑰茄现蕾期、始花期及成花逆转出现期存在差异。MG_1较MG_2晚熟，其现蕾及开花时间均较MG_2推迟1~2天，停止遮光处理10天后，所有植株因处于长日照的外界条件下，植株出现变态花蕾，花蕾边现边掉，不能完成开花，而开始进入成花逆转出现期；不同日照时长处理下，现蕾期、始花期及成花逆转出现期，出现的早晚依次为11.0h、9.5h和8.0h处理，其中光照11.0h现蕾期、始花期及成花逆转出现期出现最早，较9.5h提前1~3天，较8.0h提前4~5天。MG_1的CK处理偶见现蕾，而MG_1的CK处理未形成花蕾。

三、日照时长对玫瑰茄主要性状的影响

结果表明，MG_1 和 MG_2 株高依次为 CK > 8.0h > 9.5h > 11.0h，处理间差异不显著。不同日照时长处理下，日照时长越短，植株越高，这是源于光照不足而导致了植株徒长。自然光条件下，分枝数均较不同日照时长处理的分枝数多。而不同日照时长处理下，日照 11.0h 处理分枝数最多；其中 MG_2 不同日照时长处理下的分枝数差异不显著，MG_1 的分枝数表现为 11.0h 与 8.0、9.5h 处理后差异显著；日照 11.0h 处理单株果数最多，鲜果重、萼片鲜重和萼片干重最高，均显著高于其他处理。在不同日照时长（8.0~11.0h）范围内，主要产量性状单株果数、鲜果重、萼片鲜重、萼片干重均随着日照时长的增加呈现上升的趋势。因此，在满足玫瑰茄短日照时长的情况下，日照时长适当延长有利于玫瑰茄鲜果、鲜萼片和干萼片产量的提高。

四、结论

综合各项指标，日照时长 11.0h 处理的玫瑰茄主要产量性状优于 8.0、9.5h 及自然光处理，可成功诱导玫瑰茄开花结果，促使玫瑰茄于长日照环境下开花结果，实现了玫瑰茄反季节栽培，增加了复种指数和经济效益。

第八节　采收时间对玫瑰茄种子质量的影响

目前，玫瑰茄种子的收获时间主要依靠经验判断，缺乏科学性判断依据。以3份玫瑰茄种质（M3、M5和玫瑰茄-2）为试验材料，比较不同采收时间种子的基本参数和种子萌发特性，旨在明确其种子的适宜采收时间，为玫瑰茄种子生产和质量标准的制定提供理论依据。

■ 一、采收时间对玫瑰茄种子种皮色的影响

玫瑰茄开花后7天采的3份种质种子种皮色均为乳白色，14天时为浅绿色，21天时为灰黄色，其中M5出现部分浅黑色，28~56天时均为黑褐色，而42~56天时均出现发霉变质现象，其中M3的发霉率为10.00%~50.00%，M5为8.00%~23.00%，玫瑰茄-2为13.30%~50.00%。因此，及时（花后28~35天）采收有利于防止玫瑰茄种子发霉变质。

■ 二、采收时间对玫瑰茄种子水分含量的影响

3份种质的水分含量随着采收时间的推迟均出现下降趋势。其中，在开花后7~35天急速下降，M3种子的水分含量从89.16%下降到38.14%，M5种子的水分含量从87.31%下降到31.15%，玫瑰茄-2种子的水分含量从89.66%下降到39.11%；在开花后35~56天缓慢下降并趋于稳定；3份种质种子的水分含量均在开花后56天降至最低，分别为29.35%、28.95%和30.38%。结果表明，在开花后各时间采收M3和玫瑰茄-2种子的水分含量间差异显著（$P < 0.05$），在开花后7~28天采收M5种子的水分含量差异显著，且均显著高于开花后35~56天采收种子的水分含量，而开花后35~56天采收种子的水分含量差异不显著（$P > 0.05$）。因此，从种子水分含量角度判断，开花后35天为玫瑰茄种子采收的适宜时间。

三、采收时间对玫瑰茄种子百粒重的影响

随着采收时间的推迟，3份玫瑰茄种质种子的百粒重均呈先增加后减少的变化趋势。其中，在开花后7~28天各种质种子的百粒重均显著增加，在开花后28~56天各种质种子的百粒重差异不显著；M3种子的百粒重在开花后35天达最大，为4.44g，显著大于开花后7~21天的百粒重；M5种子的百粒重在开花后35~42天达最大，为3.14g，显著大于开花后7~21天的百粒重；玫瑰茄-2种子的百粒重在开花后49天达最大，为4.18g，显著大于开花后7~21天的百粒重。说明开花后28~49天采收，玫瑰茄种子的百粒重更重。

四、不同采收时间对玫瑰茄种子形态的影响

在开花后14~56天采收的3份种质种子的长、宽和厚度均显著大于开花后7天，而开花后28~56天采收种子的长、宽和厚度差异不显著；随着采收时间的推迟，3份种质种子的长度和宽度总体上均呈先增加后减少的变化趋势，其中M3种子的长度和宽度在开花后42天达最大值，分别为5.72mm和5.00mm，其余2份种质种子的长度和宽度在开花后21天达最大值，分别为5.07mm和4.27mm及5.71mm和4.75mm；随采收时间的推迟，M3和玫瑰茄-2种子的厚度总体上也呈先增加后减少的变化趋势，分别在开花后28和35天达最大值，而M5种子的厚度一直呈增加的变化趋势。说明采收时间对玫瑰茄种子形态的影响存在差异，以开花后21~35天采收种子的形态较佳。

五、采收时间对玫瑰茄种子萌发特性的影响

3份玫瑰茄种质种子的发芽指数、发芽势和发芽率，均随着采收时间的推迟呈先升高后降低的变化趋势。其中，在开花后7~21天采收的各种质种子发芽指数、发芽势和发芽率均为0。在开花后35天采收的M3种子发芽指数、发芽势和发芽率均最高，分别为74.61%、86.67%和86.67%，显著高于其他采收时间的种子；在开花后42~56天采收M3种子发芽指数、发芽势和发芽率缓慢下降，但差异不显著。M5种子发芽指数、发芽势和发芽率均在开花后28天达最高，分别为89.67%、98.33%和98.33%，其中发芽指数显著高于其他采收时间的种子，发芽势

和发芽率与开花后 35 天采收的种子差异不显著，但显著高于开花后 42~56 天采收的种子。在开花后 28 天采收的玫瑰茄 -2 种子发芽指数最高，为 64.42%，与开花后 35 天采收的种子差异不显著，但显著高于其他采收时间种子；在开花后 35 天采收的玫瑰茄 -2 种子发芽势和发芽率均最高，分别为 79.00% 和 80.00%，与开花后 28 天采收的种子差异不显著，但显著高于开花后 42~56 天采收的种子。表明采收时间对玫瑰茄种子的发芽指数、发芽势和发芽率均有明显影响，其中以开花后 28~35 天采收种子的萌发特性较佳。

■ 六、结论

结果表明，玫瑰茄种质可将玫瑰茄种子种皮颜色由灰黄色全部转为黑褐色作为种子适宜采收的依据。另外，种子的粒重、大小是反映其干物质积累程度、种子品质和产量的重要指标，并对种子发芽与成苗产生重要影响。随着种子成熟度的增加，种子重量不断增加，至生理成熟期种子干重达最高。玫瑰茄种子百粒重均随采收时间的推迟呈先增加后减少的变化趋势，因此可将开花后 28~56 天采收种子的百粒重作为玫瑰茄种子成熟的判断指标。

玫瑰茄种子水分含量的降低也是种子成熟的标志。随着采收时间的推迟，玫瑰茄种子的水分含量呈下降变化趋势，其中在开花后 35~56 天采收的 3 份种质种子的水分含量缓慢下降，并基本维持在相对稳定状态。玫瑰茄种子的发芽指数、发芽势和发芽率均随着采收时间的推迟呈现先增加后减少的变化规律。

综合分析玫瑰茄种子的种皮色、水分含量、百粒重和种子大小及发芽指数、发芽势和发芽率等指标，玫瑰茄种质的种子适宜在种皮色完全转为黑褐色时（开花后 28~35 天）进行采收。

第五章
玫瑰茄主要病虫害
及防治

第一节　主要病害

一、灰霉病

1. 发病条件

灰霉病属真菌病害，病菌在土壤和病残体上越冬和越夏，主要靠气流、雨水、灌溉水等传播。

2. 田间表现

病苗色浅，叶片、叶柄发病呈灰白色，水渍状，组织软化至腐烂，高湿时表面生有灰霉。幼茎多在叶柄基部出现不规则水浸斑，很快变软腐烂，缢缩或折倒，最后腐烂枯萎病死。在低温高湿花期，易发病，发病后形成灰白色霉层，导致玫瑰茄花枯萎、凋零，后造成初果脱落。另外，低温阴雨，容易造成病害流行。

3. 防治方法

定植前在玫瑰茄育苗苗床用药，选择腐霉利、甲基硫菌灵、异菌脲等喷施，同时选择无病苗移栽；现蕾期选择50%异菌脲或20%嘧霉胺兑水喷雾，5~7天用药1次，进行预防。果实发育期用异菌脲、腐霉利、嘧霉胺等喷雾防治，5~7天用药1次，连用2~3次。

二、根腐病

1. 发病条件

根腐病是一种真菌引起的病，该病会造成根部腐烂，吸收水分和养分的功能逐渐减弱，最后全株死亡。病菌在土壤中或病残体上越冬，成为翌年主要初侵染源，病菌从根茎部或根部伤口侵入，通过雨水或灌溉水进行传播和蔓延。

2. 田间表现

主要危害幼苗，成株期也能发病。地势低洼、排水不良、田间积水、连作及棚内滴水漏水、植株根部受伤的田块发病严重。发病初期仅须根感病，并逐渐向主根扩展。主根感病后，早期植株并不表现症状，随着病害发展，根部腐烂程度加重，吸收水分和养分的功能下降，新叶开始发黄，晴天中午嫩叶片呈萎蔫状，夜间又恢复。后期病部呈现黄褐色凹陷病斑，病斑扩展后导致根茎部腐烂，外皮纵裂，内部纤维外露，缢缩变细，全株枯萎死亡。

3. 防治方法

种子消毒处理：播种前可用种子重量 0.3% 的 50% 福美双或 15% 三唑酮，或用 50% 肿·锌·福美双溶液浸种 24h。

化学防治：77% 的氢氧化铜可湿性粉剂或 50% 甲基硫菌灵可湿性粉剂 500 倍液防治，连灌 2~3 次；定植时用抗枯灵可湿性粉剂 600 倍液、恶霉灵可湿性粉剂 300 倍液浸根 10~15min。

三、白绢病

1. 发病条件

白绢病又称菌核性根腐病和菌核性苗枯病，属于真菌病害，病菌发育的最适温度为 30℃，最高约 40℃，最低为 10℃，在 pH1.9~8.4 都能生长，pH5.9 时最适宜繁殖，光线能促进产生菌核。菌核在适宜条件下就会萌发，无休眠期。湿度大对菌丝生长有利，酸性环境有利菌核萌发。

2. 田间表现

主要危害苗期根茎部。发病初期茎基部呈暗褐色，其上长出白色绢丝状菌丝体，呈辐射状扩展，四周尤为明显；后期病部菌丝上产生褐色白菜籽状菌核，湿度大时，菌丝体在地表向四周扩展，也产生褐色至深褐色小菌核。

3. 防治方法

在发病初期，可用丰洽根保 600~800 倍液或用 1% 硫酸铜液浇灌病株根部，或用 25% 萎锈灵可湿性粉剂 50g，加水 50kg，浇灌病株根部；也可每亩用 20% 甲基立枯磷乳油 50mL，加水 50kg，每隔 10 天喷 1 次。

■ 四、枯萎病

1. 发病条件

枯萎病又叫疫病或萎蔫病，属土传维管束病害，高温高湿有利病害发生，土温 25~30℃，土壤潮湿、偏酸、土壤板结、土层浅、地下害虫多的地块发病重。

2. 田间表现

玫瑰茄现蕾期发病。发病初期，植株中下部叶片在中午前后萎蔫，早晚尚可恢复。随着萎蔫症状加重，叶片自下而上逐渐变黄，但不脱落，直至枯死。病株茎基部及根部皮层呈水渍状腐烂，根茎维管束变褐，终至全株枯萎。湿度大时病茎表面生白色或蓝绿色的霉状物。疫病可影响花、叶、幼苗、分枝、茎及顶梢。

3. 防治方法

种子防治：每千克种子用 40% 敌磺钠可湿性粉剂 4~5g，或 25% 多菌灵可湿性粉剂 2~3g，或 2% 戊唑醇可分散粉剂 1 ：（250~500）拌种。加温至 55~60℃温汤浸种 30min，或用 0.3% 的 50% 多菌灵胶悬剂在常温下浸种 4h，晾干后育苗，均可起到预防效果。

植株防治：病害发生初期可用 50% 多菌灵可湿性粉剂 600~800 倍液；85% 三氯异氰尿酸可溶性粉剂 10~42g/ 亩；80% 恶霉·福美双可湿性粉剂 400~800 倍液；70% 甲基硫菌灵可湿性粉剂 800~1000 倍液；30% 苯醚甲环唑·丙环唑乳油 1000~1500 倍液；12.5% 多菌灵水杨酸悬浮剂 250 倍液灌根，每株 100mL，20 天后再灌 1 次，效果良好。

土壤预防：整地时每亩撒施 50% 福美双可湿性粉剂 4~5kg 加 50% 多菌灵可湿性粉剂 2~3kg，或每亩用 70% 五氯硝基苯可湿性粉剂 5~7kg 加 50% 多菌灵可湿性粉剂 2~3kg 将土壤翻松。

第二节　主要虫害

一、蛴螬

1. 发生条件

蛴螬，金龟子或金龟甲的幼虫，是世界范围内的地下害虫，危害很大。在咬食玫瑰茄幼苗嫩茎，致植株枯黄而死造成危害。蛴螬造成的伤口还可诱发病害。

2. 田间表现

蛴螬白天藏在土中，晚上8~9时进行取食等活动。蛴螬活动情况与土壤温湿度关系密切。当地表温度超过5℃时开始上升土表，13~18℃时活动最盛，23℃以上则往深土中移动，至秋季土温下降到其活动适宜范围时，再移向土壤上层。

3. 防治方法

种子预防：用50%辛硫磷、50%对硫磷或20%异柳磷药剂与水和种子按1：30：（400~500）的比例拌种，兼治其他地下害虫。

土壤处理：用50%辛硫磷乳油每亩200~250g，加水10倍喷于25~30kg细土上拌匀制成毒土，顺垄条施，或将该毒土撒于种沟或地面，随即耕翻或混入厩肥中施用；或用2%甲基异柳磷粉每亩2~3kg拌细土25~30kg制成毒土；用3%甲基异柳磷颗粒剂、5%辛硫磷颗粒剂或5%地亚农颗粒剂，每亩2.5~3kg处理土壤。

诱杀防治：每亩地用25%对硫磷或辛硫磷胶囊剂150~200g拌谷物等饵料5kg，或50%对硫磷、50%辛硫磷乳油50~100g拌饵料3~4kg。

二、地老虎

1. 发生条件

地老虎属鳞翅目夜蛾科，又名土蚕、切根虫等，是我国农作物苗期的重要地下害虫。地老虎成虫产卵和幼虫生活最适宜的气温为14~26℃，相对湿度为

80%~90%，土壤含水量为 15%~20%。地老虎喜欢温暖潮湿的环境条件，灌溉地、地势低洼地及地下水位高、耕作粗放、杂草丛生的田块虫口密度大。土质疏松、团粒结构好、保水性强的壤土、黏壤土、沙壤土更适宜于发生。

2. 田间表现

以春季玫瑰茄苗期发严重，低龄幼虫在植物的地上部为害，取食子叶、嫩叶，造成孔洞或缺刻。中老龄幼虫白天躲在浅土穴中，晚上出洞取食植物近土面的嫩茎，使植株枯死，导致重播，直接影响玫瑰茄生产。

3. 防治方法

土壤及时翻耕晒田，可杀死土中的幼虫和蛹。同时，清除田边杂草，可减少成虫产卵寄主和幼虫食料，对减少部分卵和低龄幼虫效果显著。实行水旱轮作，能有效控制该虫的发生。地老虎发病初期用 50% 辛硫磷乳油（4.50kg/hm^2）拌细沙土（750kg/hm^2），在作物根旁开沟撒施药土，并随即覆土；或用鲜嫩青草或菜叶切碎，用 50% 辛硫磷 0.1kg 兑水 2.0~2.5kg 喷洒在切好的 100kg 草料上，拌匀后于傍晚分成小堆放置田间，诱集小地老虎幼虫取食毒杀；利用黑光灯或糖醋液进行诱杀效果良好。

三、造桥虫

1. 发生条件

造桥虫以蛹在包被的叶片内或包叶间吐丝结薄茧越冬。各代幼虫分别出现在 4~11 月，第 2~5 代幼虫为害玫瑰茄较严重。成虫夜间活动，尤高温多湿的晚上。

2. 田间表现

以幼虫取食植物叶片，形成孔洞、缺刻，影响植物光合作用。初龄期在叶背啃食叶肉，残留表皮，呈小型凹斑，3 龄以后吃叶肉成孔洞或块刻，严重时只残留叶脉和叶柄。同时，排出大量粪便，为软腐病菌提供了入侵途径，导致软腐病，加速全株死亡。

3. 防治方法

喷洒 90% 晶体敌百虫 1000 倍、50% 杀螟硫磷乳油 1000 倍液、25% 亚胺硫磷乳油 3000 倍液。喷洒 2.5% 氯氟氰菊酯或 20% 氰戊菊酯或 2.5% 溴氰菊酯乳油等菊酯类杀虫剂 4000~5000 倍液、5% 氟虫腈悬浮剂 1500 倍液、10% 吡虫啉可湿性粉剂 2500 倍液。生物防治采用人工释放桑尺蠖脊腹茧峰。

四、蚜虫

1. 发生条件

适宜气温不高于 30℃，空气相对湿度不超过 80%。另外，蚜虫发生量与对当地降雨量有较大的关系，天气干旱少雨，玫瑰茄蚜虫发生可能性大。

2. 田间表现

主要以成、若蚜吸食叶片、茎秆、嫩茎叶汁液为主，致使叶片卷曲，嫩叶形成皱褶、畸形。为害严重时，植株生长发育迟缓，甚至停滞，对玫瑰茄的产量影响很大。同时，蚜虫又是病毒病的传播者。

3. 防治方法

生产上发现蚜虫时，及时喷施 50% 马拉硫磷乳剂 1000 倍液，或 50% 杀螟硫磷乳剂 1000 倍液，或 50% 抗蚜威可湿性粉剂 3000 倍液，或 2.5% 溴氰菊酯乳剂 3000 倍液，或 2.5% 甲氰菊酯乳剂 3000 倍液，或 40% 吡虫啉水溶剂 1500~2000 倍液等，喷洒植株 1~2 次。引入瓢虫、草蛉、食蚜蝇和寄生蜂等蚜虫天敌，对蚜虫有很强的抑制作用。

五、白粉虱

1. 发生条件

白粉虱成虫活动适温为 22~30℃，繁殖适温为 18~21℃，有趋嫩、趋黄、趋光特性。玫瑰茄发生的时间在 9 月下旬至 11 月上旬。

2. 田间表现

白粉虱成虫和幼虫吸取玫瑰茄嫩茎叶汁液，导致叶片褪绿、变黄、萎蔫，甚至全株枯死。此外，成虫幼虫能分泌大量蜜露，导致霉菌寄生。

3. 防治方法

发生初期，可在内设置黄色性激素粘板，高于植株插于行间，进行诱杀；用 25% 噻虫嗪 2500~3000 倍，或 25% 噻嗪酮 WP800~1000 倍，或 10% 吡虫威 400~600 倍液，或 10% 噻嗪酮乳油 1000 倍液，或 25% 噻嗪酮乳油 1500 倍喷雾；释放人工繁殖的丽蚜小蜂，每株成虫或蛹 3~5 头，每隔 10 天左右放 1 次，共放 4 次进行生物防治。当虫量较多时，药液中加入少量拟除虫菊酯类杀虫剂，一般 5~7 天 1 次，连喷 2~3 次。

六、叶蝉

1. 发生条件

叶蝉科的种类一年发生多代，在高温、光照强烈的情况下，繁殖代数增加，为害程度加大，在 7~10 月夏秋季为害尤为严重。入秋后成虫潜伏越冬。另外，在 20~30℃且少雨时有利于此虫的活动为害。

2. 田间表现

叶蝉在玫瑰茄叶片上刺吸汁液，交尾产卵，卵产于新梢内或叶片主脉里。白天活动，善跳，可借风力扩散。

3. 防治方法

冬季清除苗圃内的落叶、杂草，减少越冬虫源；利用黑光灯诱杀成虫；喷施 2.5% 的溴氰菊酯可湿性粉剂 2000 倍，或 90% 敌百虫原液 800 倍，或 50% 杀螟硫磷乳油 1000 倍液。另外，对大田周围杂草地要及时清理，并用药物喷洒。

第三节 病虫害综合防治措施

生产上，防治玫瑰茄病虫害要贯彻"预防为主、综合防治"的植保工作方针，坚持以作物为中心，以主要病虫为对象，以农业防治为基础，物理防治、生物防治、化学防治协调应用，有效控制病虫危害，维护农田良好生态环境，确保优质、高产、高效、安全目标的实现。

在生产上应选用早熟、高产、抗性好的玫瑰茄品种。冬季深翻土壤，将含有病菌的表土翻入深土内，可抑制病菌的萌发。春季定植前6周，将土壤浇透水，用塑料薄膜覆盖土面，通过太阳曝晒，使土温超过45℃可杀死多种土传病菌；土壤酸度大的可每亩施消石灰50~75kg调节土壤酸碱度；整地要精细，开好沟，地势较低的地块要开深沟，种植时要起垄，以利排水防渍；整地时发现土蚕等地下害虫要捕杀；增施农家肥和磷钾肥，培育壮苗，提高作物抗性和耐害性，合理密植，保证通风透光，减少病虫发生；发现病株及时拔除带离田间处理。成株期对生长茂密的地块，适当摘除下部枝叶，并加强杂草的防除，以利通风透光，减少病虫的发生。连作重茬地块与禾本科水稻、玉米等进行轮作。连作地每亩施微生物菌肥20kg，移苗前处理土壤。另外，采取高垄栽培。防止雨水和浇后积水，增强根部的通透性。

第六章
玫瑰茄功效成分

第一节　玫瑰茄多糖

　　多糖、黏液质和果胶糖类是玫瑰茄中含量较为丰富的一类物质。通过水提醇沉法得到的淡红褐色的玫瑰茄多糖，提取率可达 10%，经测定其单糖组成主要为阿拉伯糖、半乳糖、葡萄糖、鼠李糖，另外还有少量的半乳糖醛酸、葡糖醛酸、甘露糖和木糖。从玫瑰茄花蕾中得到 3 个多糖组分，其中 2 个是中性多糖，由树胶醛醣和低分子量的阿拉伯半乳聚糖聚合而成，经甲基化和核磁共振分析证实其主链为 α-1,4-半乳糖苷键和 α-1,2-鼠李糖苷键；用阴离子交换柱层析法从玫瑰茄花萼中分离得到一个中性多糖和三个酸性多糖亚组分。对不同产地的玫瑰茄植株花萼其进行黏液含量测定，中美洲和埃及的植株中黏液含量最高达 24%~28%，其次是产自塞内加尔和泰国的植株，产自印度的最少为 15%。此外，植株的总糖含量范围为 3%~5%，而果胶含量稍低为 2%~4%。另外，玫瑰茄叶片中的黏液经水解后得到半乳糖、半乳糖醛酸和鼠李糖。

■ 一、玫瑰茄多糖结构

　　采用水提醇沉法提取玫瑰茄萼片粗多糖，利用 DEAE-Sephacel 柱分离纯化多糖组分，用蒸馏水洗脱，制备中性多糖组分 Hib1，该组分多糖分子量介于 1×10^3 和 1×10^5Da 之间；采用 0.5M 的缓冲液洗脱，获得多糖组分 Hib2，该组分多糖分子量约为 1×10^6Da，由阿拉伯糖、半乳糖、葡萄糖组成，摩尔比为 5：1：1，并且含有少量鼠李糖、半乳糖醛酸、葡糖醛酸、甘露糖和木糖。采用 Sephadex G-50 将 Hib1 组分分离，得到两个亚组分（HIA、HIB），两个亚组分主要由阿拉伯糖组成，其中 HIA 的分子量为 90000Da，含有半乳糖，甲基化分析表明阿拉伯聚糖存在支链上；Hib2 主要由半乳糖醛酸组成以及少量的鼠李糖、阿拉伯糖和半乳糖，采用温和酸水解和酶降解发现 Hib2 存在果胶样结构，含有 23% 的甲基酯和 5% 的乙酰基，主链为 α-1,4-连接半乳糖醛酸，中间含有少量 1,2-连接的鼠李糖，在鼠李糖的 C-4 连有阿拉伯糖和半乳糖残基组成的侧链。

　　从玫瑰茄花蕾中分离得到 3 个水溶性多糖组分 Hib1、Hib2 和 Hib3。中性多糖 Hib1 和 Hib2 是由阿拉伯聚糖和阿拉伯半乳聚糖组成，其分子质量相对较低，采用甲基化、温和酸水解及核磁共振研究证明 Hib1 和 Hib2 是果胶样分子，分子量为 1×10^5 Da，主链由 α-1,4-连接半乳糖醛酸（含 24% 甲基酯）和 α-1,2-连接的鼠李糖构成，侧链是由半乳糖和阿拉伯糖构成，并与主链通过 C-4 位相连，认为这种结构与锦葵科木槿属其他种的多糖结构不同。通过水提醇沉法提取玫瑰茄干花萼多糖，经 DEAE-52 离子交换树脂分离纯化得到四个洗脱组分 HSP-Ⅰ、HSP-Ⅱ、HSP-Ⅲ和 HSP-Ⅳ，对 HSP-Ⅲ进行结构分析，显示 HSP-Ⅲ由糖醛酸、鼠李糖、甘露糖、葡萄糖和半乳糖组成，其摩尔比为 1：10.98：3.28：1.23：8.68，高碘酸氧化和 Smith 降解结果表明 HSP-Ⅲ含有可被氧化的 $(1 \rightarrow 6)$、$(1 \rightarrow)$、$(1 \rightarrow 2)$糖苷键和不可氧化的 $(1 \rightarrow 3)$ 糖苷键，核磁共振结果显示 HSP-Ⅲ中含有 α、β两种吡喃糖苷键型，由 4 种单糖单元组成，主链应为 $(1 \rightarrow 6)$ 和 $(1 \rightarrow)$。

玫瑰茄鲜萼片，阴干后分离得到 4 个杂多糖 HSP-I、HSP-II、HSP-III 和 HSP-IV，研究发先 HSP-II 组分由葡糖醛酸、鼠李糖、甘露糖、葡萄糖和半乳糖组成，摩尔比为 1：9.89：4.64：1.99：7.65，由 1,3-连接糖苷键组成，支链由 $(1 \rightarrow)$，$(1 \rightarrow 6)$ 和 $(1 \rightarrow 2)$-连接的糖苷键组成。

二、玫瑰茄多糖功效

1. 提高免疫力

从玫瑰茄萼片中分离 1 个中性多糖组分和 3 个酸性多糖组分，发现 3 个酸性多糖组分能够诱导人角质形成细胞增殖。玫瑰茄粗多糖对 X 射线损伤小鼠具有防护作用，能显著提高 X 射线损伤小鼠外周血白细胞总数（WBC）、骨髓中 DNA 含量、胸腺指数、骨髓中有核细胞总数及小鼠肝组织中 CAT、SOD 和 GSH-Px 酶活力；玫瑰茄粗多糖能显著提高小鼠体液免疫、细胞免疫功能和小鼠脾淋巴细胞转化功能，并激发小鼠迟发型变态反应（DTH）。研究还发现玫瑰茄多糖组分中 HSP-Ⅱ对肿瘤细胞有抑制活性，可以增强淋巴细胞的免疫调节功能，通过促进脾 T 和 B 淋巴细胞的增殖，进而改善机体的免疫水平；HSP-Ⅱ还可使 NO、TNF-α 和 IL-6 的释放量显著增加，增加 RAW264.7 细胞内 iNOS、IL-1β 和 IL-6mRNA 的表达。通过磷酸化激活 ERK、JNK、p38 和 p65，通过 MAPK 和 NF-κB 信号通路激活巨噬细胞，从而进行免疫调节。

2. 抗氧化

（1）对 DPPH 自由基的清除作用

结果表明：玫瑰茄粗多糖具有良好的抗氧化活性，其浓度在 0.551~2.150mg/mL，粗多糖浓度与其对 DPPH 自由基的清除率呈较好的线性关系。

DPPH 自由基被认为是一种很稳定的以氮为中心的自由基，若样品可以将其清除，则表明该样品具有抗氧化活性。DPPH 有单电子，在 517nm 有最大吸收，其乙醇溶液呈深紫色，当样品具有抗氧化活性时，它能与 DPPH 的单电子配对，从而使其吸收逐渐消失。乙醇溶液颜色变浅，其褪色程度与样品清除自由基效率呈线性关系，因而可用此方法评价样品的抗氧化能力。玫瑰茄粗多糖对 DPPH 自由基有一定的清除作用。当多糖浓度从 0.2mg/mL 升到 2.0mg/mL 时，随着多糖浓度的升高，对 DPPH 的清除作用也逐渐加强，当玫瑰茄粗多糖浓度为 2mg/mL 时，对 DPPH 自由基的清除率可达到 45.89%。

（2）对羟基自由基的清除

羟基是一种活性氧自由基，毒性极强，可造成生物膜损伤，导致多种疾病发生，清除体内羟基自由基是保证机体健康必不可少的需求。玫瑰茄粗多糖对羟基自由基的清除作用与多糖的浓度成正相关，多糖浓度为 0.2mg/mL 时，对羟基自由基的清除率 10.23%，多糖浓度为 2mg/mL 时，对羟基自由基的清除率达 61.42%，随着玫瑰茄粗多糖浓度的增加，对羟基自由基的清除效率提高。

（3）对超氧阴离子自由基的清除

阴离子自由基是人体内产生的一种活性氧自由基，能引发体内脂肪氧化，加速机体衰老，诱发癌症、心血管疾病等，严重危害人体健康。玫瑰茄多糖对超氧阴离子自由基具有一定清除作用，随着粗多糖浓度的增加，清除作用逐渐增强，当多糖浓度为 2mg/mL 时，对超氧阴离子自由基的清楚率达到 81.42%。

自由基是指具有不成对电子的原子或基团，它们普遍存在于人体内。一定数量的自由基对人体是有益的，它们既可以参与免疫和信号传导过程，又可以用来杀灭体内的细菌和寄生虫。但是当人体内的自由基超过一定数量，便会失去控制，导致人体正常细胞和组织的损坏，从而引起多种疾病。因此，开发高效无毒的天然抗氧化剂作为自由基清除剂，清除体内多余自由基，从而预防和治疗某些疾病，已成为当今科学研究的热点。玫瑰茄粗多糖对 DPPH 自由基、羟基自由基、超氧阴离子自由基都具有清除作用，清除率分别为 45.89%、61.42%、81.42%，这说明本实验制备的玫瑰茄粗多糖具有抗氧化作用，可以作为潜在的自由基清除剂。

第二节　玫瑰茄多糖提取工艺研究

一、水提纯溶法

玫瑰茄多糖主要存在于玫瑰茄的花萼中。为了降低多糖提取过程中其他杂质的含量，提升实验的精准性，去除花萼中的其他物质，主要为黄酮、色素以及单糖等物质。将干燥后的玫瑰茄经过石油醚进行反复回流脱脂处理，在室温下晾干得到花萼粉末。之后在粉末中加入 75% 的乙醇浸泡液溶解相关杂质，经晾晒后得到只含有多糖的玫瑰茄花萼粉末。

1. 多糖的水提流程

采用水提醇沉法进行玫瑰茄多糖提取。称取预处理后的玫瑰茄粉末 5g，置于圆底烧瓶中，按一定料液比、水浴温度和浸提时间在热水浴中回流浸提数次，冷却后将所得水提液抽滤，去除杂质，合并上清液。上清液经减压浓缩，除去蛋白后，加入一定量无水乙醇至终浓度为 80% 充分搅拌，放入 4℃冰箱，静置 12h，3000r/min 离心 10min，收集沉淀。蒸馏水复溶，于透析袋中（截留分子量 3500Da）透析 72h。透析后的样品经冷冻干燥，即得玫瑰茄粗多糖。

2. 玫瑰茄多糖提取单因素影响

（1）液料比

当液料比低于 1∶25 时，随着液料比的增加，玫瑰茄多糖的得糖率逐渐提升；当液料比达到 1∶25 时，多糖得率最高；随着液料比的继续增加，多糖得率将会逐渐降低。因为是随着溶剂量的降低，多糖溶解量明显不足，导致多糖得率明显偏低。但是，随着用水量的增加，多糖溶液将达到饱和，初始用水量也会进一步增加后续的溶液浓缩，进而导致提取效率逐渐降低。

（2）提取时间

提取时间低于 3h 时，多糖得率将随着提取时间的上升而逐步提升；当提取时间超过 3h 时，多糖得率并不会继续上升。因此，在进行玫瑰茄多糖提取时，应选择 3h 为最佳提取时间。

（3）提取温度

提取温度在 60~90℃时，随着温度的提升，多糖得率不断提升；但当提取温度超过 90℃后，多糖得率有明显下降。因此，在进行玫瑰茄多糖提取时，应选择 90℃为最佳提取温度。

3. 响应面法提取工艺

响应面法提取玫瑰茄粗多糖最优的提取工艺条件为最大响应值时，液料比、提取时间、提取温度对应的编码值分别为 0.123、0.129、0.004，与其相对应的多糖最佳提取条件是液料比 1 ∶ 25.62（g/mL）、时间 3.13h、温度 90.04℃，理论最佳提取率是 14.46%。考虑到实际情况对上述条件进行修正，最终的优化条件调整为液料比 1 ∶ 26（g/mL）、提取时间 3.1h、提取温度 90℃。在此条件下进行 3 次平行实验验证，提取率为 14.41%，与理论预测值较接近，说明该响应面法优化得到的模型准确可靠，适用于玫瑰茄粗多糖的提取。

■■ 二、超声波辅助提取玫瑰茄多糖工艺

1. 超声波辅助提取单因素影响

（1）固液比

研究固液比 1 ∶ 10、1 ∶ 15、1 ∶ 20、1 ∶ 25、1 ∶ 30、1 ∶ 35（g/mL）对玫瑰茄多糖提取率的影响，结果表明固液比在 1 ∶ （10~20）（g/mL）时，玫瑰茄多糖提取率随着溶液体积增大而增加，在 1 ∶ 20（g/mL）处达到最大，其后多糖提取率反而下降，总体上低溶液体积提取率高于高溶液体积提取率。其随着溶液体积增大，溶剂用量增加，多糖浸出率随之增大，但当溶剂用量增加到一定值时，超声波辐射被溶剂大量吸收，溶剂溶解杂质也增多，而不能完全作用于样品。

（2）超声波功率

随着超声波功率的升高，多糖提取率先增加后降低，当超声波功率达到 270W 时，提取率最高。其原因是机械作用随着超声波功率增大而增强，分子扩散速度增大，多糖浸出率增大，杂质也增多。

（3）提取时间

随着提取时间的延长，多糖提取率先升高后下降，以 30min 为界点，30min 前提取率随着提取时间延长而升高，30min 后提取率随着提取时间延长而下降，

其原因是长时间提取会使多糖分子在空化作用和机械作用下发生降解和破坏，使杂质溶出，导致多糖提取率下降。

（4）提取温度

当温度达60℃时，多糖提取率达到最大值，温度再升高多糖则提取率反而下降，其原因是温度升高，分子运动速度加快，多糖容易从细胞中转移到溶质中，但是温度过高，部分多糖化合物容易被氧化破坏，会产生杂质，不利于后续的分离。

2.超声波提取玫瑰茄多糖最佳工艺研究

各因素对玫瑰茄多糖提取率影响主次顺序依次为固液比 > 超声波功率 > 提取时间 > 提取温度。固液比、超声波功率和提取时间达到显著水平（$P < 0.05$），说明上述三因素对玫瑰茄多糖提取率有显著影响。因此，玫瑰茄多糖提取最佳工艺为：超声波功率为270W，固液比1∶20（g/mL），提取温度为60℃，提取时间为30min。在此条件下，玫瑰茄多糖提取率最高，为60.35%。

超声波辅助法提取玫瑰茄多糖，通过超声波对细胞壁的破碎效应，可以显著提高提取玫瑰茄多糖效率，是一种高效、快速、环保的提取方法。超声波提取技术应用于玫瑰茄多糖的提取，具有省时、高效、节能、穿透力强、选择性高、有效成分溶出快等特点。

三、响应面法优化玫瑰茄粗多糖提取工艺

1.响应面法优化玫瑰茄粗多糖提取单因素影响

（1）料液比

浸提温度为90℃，浸提时间3h时，在料液比低于1∶25时，玫瑰茄粗多糖的得率随料液比的增大而增加。在料液比为1∶25（g/mL）时多糖得率达到最高值，但料液比超过1∶25（g/mL）后，多糖的得率略有下降。可能的原因是溶剂水的用量较小，原料中的多糖不能够充分转移到水中，造成提取不完全、得率较低；水用量过大时，多糖溶出量已达到饱和，初始加水量过大会使后续浓缩工序能耗增加，因此最优料液比选择1∶25（g/mL）为宜。

（2）提取时间

料液比1∶25（g/mL），提取温度90℃时，随着提取时间的延长玫瑰茄粗多糖得率不断增加，多糖得率在提取时间3h时达到最大，之后随着时间的延长得率有所下降。因此，确定提取时间为3h。

（3）提取温度

料液比 1 : 25（g/mL），提取时间为 3h 时。在 60~90℃温度范围内，随着提取温度的升高，玫瑰茄粗多糖得率逐渐增加，继续升温到 100℃，多糖得率略有下降。因此，选择提取温度 90℃。

2. 响应面法优化玫瑰茄粗多糖提取工艺

根据 Box-Behnken 中心组合试验原理设计实验，采用 Design-ExpertV8.06 软件对所得数据进行分析，结果表明：当提取温度为 90℃时，玫瑰茄粗多糖得率随料液比和提取时间的变化而变化，其变化幅度和曲线坡度均较大，可见料液比与提取时间两个因素对多糖得率存在着较强的交互作用。当固定提取时间为 3h 时，提取温度曲线急剧变化，可见提取温度对玫瑰茄粗多糖得率的影响较大，同时等高线也呈椭圆形，说明提取温度和料液比两个因素间的交互作用也较大。当固定料液比为 1 : 25 时，提取温度和提取时间两个因素也存在显著的交互影响，当温度从 80℃增加至 90.04% 时，玫瑰茄粗多糖得率随之显著提高，而后当温度继续升高，得率有所下降，这表明玫瑰茄粗多糖得率达到最大值时，温度为 90.04℃。

通过响应面法预测玫瑰茄粗多糖最优的提取工艺条件为料液比 1 : 25.62（g/mL）、浸提时间 3.13h、浸提温度 90.04℃，理论最佳提取率是 14.46%。考虑到实际情况对上述条件进行修正，最终的优化条件调整为液料比 1 : 26（g/mL）、提取时间 3.1h、提取温度 90℃，在此条件下进行 3 次平行实验验证，提取得率为 14.41%，与理论预测值较接近，说明该响应面法优化得到的模型准确可靠，适用于玫瑰茄粗多糖的提取。

四、响应面法优化超声波 - 微波协同提取玫瑰茄多糖工艺

1. 响应面法优化玫瑰茄粗多糖提取单因素影响

（1）超声波功率

在微波功率 100W、提取时间 5min、液料比（mL : g）为 20 : 1 的条件下，研究超声波功率（150、180、210、240、270W）对玫瑰茄多糖得率的影响。玫瑰茄多糖得率随着超声波功率增大先增加后减少，超声波功率为 240W 时，玫瑰茄多糖得率最大。因此，选定超声波功率为 240W。

（2）液料比

在超声波功率 240W、微波功率 100W、提取时间 5min 的条件下，研究液料

比（mL∶g）10∶1、15∶1、20∶1、25∶1、30∶1、35∶1对玫瑰茄多糖得率的影响。玫瑰茄多糖得率随着液料比增大呈先增加后减少，当液料比为20∶1（mL∶g）时，多糖得率最大。其原因是提取溶剂用量越大，介质推动力越大，玫瑰茄多糖溶出越多，但提取溶剂用量过大，会导致其他水溶性物质溶出，增加能耗，降低多糖得率。因此，选定液料比（mL）为20∶1。

（3）提取时间

在超声波功率240W、微波功率100W、液料比（mL∶g）为20∶1的条件下，研究提取时间（5、10、15、20、25min）对玫瑰茄多糖得率的影响。玫瑰茄多糖得率随着提取时间延长呈现先增加后减少趋势，提取时间为15min时，玫瑰茄多糖得率最高，其原因是随着时间的延长，玫瑰茄多糖中敏感物质失去活性。因此，选定提取时间15min。

（4）微波功率

在超声波功率240W、提取时间15min、液料比（mL∶g）为20∶1的条件下，研究微波功率（100、150、200、250、300W）对玫瑰茄多糖得率的影响。玫瑰茄多糖得率随着微波功率增大先增加后减少，其原因是微波升温快速,加快多糖溶出，但是微波功率过大，会阻碍介质渗入。因此，选定微波功率150W。

2. 玫瑰茄多糖提取条件响应面分析

液料比和提取时间交互作用对多糖得率影响显著，分别在液料比（mL∶g）（19~20）∶1和提取时间14~15min出现最大值。液料比和微波功率交互作用对多糖得率影响不显著，分别在液料比（mL∶g）为（19~20）∶1和微波功率150~152W出现最大值。提取时间和微波功率交互作用对多糖得率影响显著，分别在提取时间14~15min和微波功率150~152W出现最大值。液料比、提取时间对多糖得率影响显著，微波功率对多糖得率影响不显著，三者影响程度的大小依次为：液料比＞提取时间＞微波功率。

优化后的最佳提取工艺条件为：超声波功率240W、液料比（mL∶g）19.26∶1、提取时间14.59min、微波功率151.07W，玫瑰茄多糖得率预测值为3.52%。根据响应面试验结果，考虑到操作简便，确定超声波—微波协同提取玫瑰茄多糖最优工艺条件为：超声波功率240W、液料比（mL∶g）20∶1、提取时间15min、微波功率150W，在此条件下玫瑰茄多糖得率为3.51%，与预测值相对误差为0.28%。

第三节 不同干燥方法对玫瑰茄品质的影响

一、玫瑰茄的干燥方法

分别采用真空冷冻干（FD）、过热蒸汽结合真空冷冻干（SSD+FD）、过热蒸汽结合真空干燥（SSD+VD）、热风干燥（HD）4种干燥方对玫瑰茄花萼进行干燥，对干制品的外观品质、色泽、复水比及总花青素含量进行比较。

二、不同干燥方法对干制玫瑰茄影响

1. 不同干燥方法对玫瑰茄干制品外观品质的影响

不同干燥方法处理对玫瑰茄干制品的外观品质影响较大，FD是在低温高真空的条件下使样品中的水分由冰直接升华达到干燥的目的，在干燥的过程中不受表面张力的作用，样品不变形。因此，FD处理的玫瑰茄体积大小基本没有变化，与原有形态差异较小，且干燥过程处于真空状态不被氧化，色泽较为明亮，干花内部质地松泡多孔，易折断和粉碎。采用SSD+FD干燥物料，干燥前段在水蒸气的作用下物料表面湿润、干燥应力小，不易产生开裂、变形，且无氧化反应，物料颜色不会褪变，但是由于干燥速率较快，水分快速流失导致体积有所缩小。采用SSD+VD干燥的物料形态改变较大，但因无氧化反应，色泽还是较为鲜明。而HD处理的玫瑰茄皱缩卷曲严重，且在高温的作用下诱发美拉德反应使得表面颜色变暗。综上表明，FD处理对玫瑰茄的外观性状影响较小。

2. 不同干燥方法对玫瑰茄色泽的影响

采用色差仪测定不同干燥方式下玫瑰茄干燥产品的 L^*、a^*、b^* 值，L^* 值表示明亮程度，数值越大表示越亮。a^* 正值表示红色，正值越大红色越深；负值表示绿色，负值越小则绿色越深。b^* 正值表示黄色，正值越大黄色越深；负值表示蓝色，负值越大蓝色越深。结果表明：与玫瑰茄鲜果色泽相比较，干制品的 a^*、 b* 值都有较大的提高，其中 FD 处理后的样品差异最为显著；但 FD 与 SSD+FD 的 L* 值基本无明显变化。而不同燥方式之间的玫瑰茄的 a*、b* 存在显著性差异，通过比较 a* 值发现，FD 处理的玫瑰茄 a* 值最大，HD 最小；FD 和 SSD+FD 制得的玫瑰茄呈现出较高的 b* 值。分析干燥方法对色泽差 ΔE 值的影响发现，HD 干制的玫瑰茄的 ΔE 值最小，说明干燥过程中色泽保留较好，而 FD 制的样品 ΔE 值最大。通过比较 C 值数据可发现，FD 制的玫瑰茄的 C 值最高，SSD+FD 和 SSD+VD 次之，HD 最低，说明 FD 较其他干燥方式使玫瑰茄具有较高的饱和度和鲜亮的色泽。考虑整体指标，还是得出 FD 处理的玫瑰茄色泽较优。玫瑰茄的色泽差异主要原因是在干燥过程中花青素的含量和褐变反应所引起的。据研究表明在高温及氧化反应作用下会造成花青素大量的降解，从而使得样品褪色，而非酶促褐变美拉德反应也导致样品色泽褐黑化。但是 FD 的干燥过程都是在低温、隔绝氧气的状态下进行，理论上制得的玫瑰茄色泽应最接近鲜果，实际上色差却最大。

3. 不同干燥方法对玫瑰茄复水比的影响

SSD+FD 处理的玫瑰茄复水效果优于 FD 处理的样品，其主要原因可能是过热蒸汽处理使得细胞组织软化、通透性增加，更有利于样品重新吸收水分，恢复原本形状。而冷冻干燥本身就有着可以使得样品组织内部疏松多孔，便于水分渗透的特点。VD 和 HD 干燥处理过的样品都因内部结构紧密、质地坚实，外部水分不易浸入，故复水性较差。因此，SSD+VD 处理后的样品复水能力高于 HD。

4. 不同干燥方法对玫瑰茄总花青素含量的影响

4 种干燥方法的耗时为 FD > SSD+FD > HD > SSD+VD。与单一的冷冻干燥比起来，经过过热蒸汽高温短时处理后再进行冻干的干燥方法，能够缩短 43.75% 的时间。由于花青素属于热敏物质，在低温、钝化酶、与氧气隔绝等条件下稳定性较好，所以 SSD 处理的时间虽然短，但是高温还是对花青素损耗造成了较大的影响，因此二者的总花青素含量相比还是有显著性差异（$P < 0.05$）。由试验结果可得，干燥方法对玫瑰茄总花青素含量有明显的影响，真空冷冻干燥方法能够最大程度上保留花青素含量。

第四节 不同产地玫瑰茄浸提液主要成分比较

一、不同产地玫瑰茄浸提液主要成分比较

1. 总酚、总花青素、总黄酮及总酸含量分析

各产地的玫瑰茄水提液中总酚含量的变异范围为535.57~873.43mg/L，其含量大小顺序为福建龙岩＞广西桂林＞广东惠州＞广东梅州＞云南武定＞贵州贵阳＞广东肇庆＞云南临沧＞云南大理＞广西玉林＞云南保山＞广东广州＞福建莆田＞福建漳州＞海南儋州，其中海南儋州玫瑰茄水提液中总酚含量最低，福建龙岩产地的玫瑰茄水提液中多酚含量显著高于其他产地的玫瑰茄水提液（$P < 0.05$），而广东惠州和广东梅州、云南武定和贵州贵阳、广东肇庆和云南临沧产地的玫瑰茄水提液在总酚含量上没有差异性。

不同产地的玫瑰茄水提液在总花青素含量上表现出了较大的差异性，其含量变异范围为32.56~210.57mg/L，其中云南武定和广东梅州的玫瑰茄水提液总花青素含量较高（＞200mg/L），而广东广州、贵州贵阳和福建莆田产地的玫瑰茄水提液中花青素含量较低，均在100mg/L之下。

各产地玫瑰茄水提液中总黄酮含量变异范围在124.09~457.04mg/L，其中福建龙岩产地的玫瑰茄水提液黄酮含量显著高于其他产地玫瑰茄水提液（$P < 0.05$），而广西桂林、云南临沧、云南大理、福建漳州和广西玉林的黄酮含量较低，含量均低于200mg/L。

不同产地玫瑰茄水提液总酸含量的变异范围在3.4~7.9g/L，云南临沧和广西桂林产地的玫瑰茄水提液总酸含量较高，而海南儋州和福建龙岩产地的玫瑰茄水提液总酸含量较低。广东惠州、广东梅州、广东广州、福建莆田和福建漳州产地的玫瑰茄水提液总酸含量没有差异，而云南武定、云南大理和广西桂林产地的玫瑰茄水提液总酸含量无差异性。

综上所述，不同产地造成了玫瑰茄水提液中主要成分的差异，即使产自相同省份不同市的玫瑰茄水提液也存在差异性，其中福建龙岩产地的玫瑰茄水提液总

酚、总花青素和总黄酮含量均较高，但总酸含量较低；海南儋州产地的玫瑰茄水提液总酚和总酸含量均较低；而广东广州玫瑰茄水提液总花青素和总酸含量较低。

2. 有机酸种类及其含量分析

不同产地玫瑰茄水提液中有机酸总量在 4.73~8.61g/L，其中酒石酸、丙酮酸、乳酸、柠檬酸、木槿酸和 HCA 是其共有的有机酸。苹果酸只在海南儋州和福建龙岩产地的玫瑰茄水提液中检出；乙酸在广东广州、云南临沧、福建莆田和贵州贵阳产地的玫瑰茄水提液中检出，但含量均较低，在 0.04~6.790.07g/L；而琥珀酸在除广东肇庆、广东惠州、福建漳州、福建莆田和广西玉林产地玫瑰茄水提液中检测到，含量在 0.04~0.29g/L；在所有产地的玫瑰茄水提液中均没有检测到草酸。

广东肇庆、广东惠州、云南临沧、广西玉林产地玫瑰茄水提液中的主要有机酸为柠檬酸和木槿酸；广东梅州、广东广州、云南大理、福建莆田、广西桂林、海南儋州和贵州贵阳产地玫瑰茄水提液中的主要有机酸为丙酮酸和木槿酸；而云南武定、云南保山、福建漳州和福建龙岩产地玫瑰茄水提液中的主要有机酸为乳酸和木槿酸，但木槿酸是所有产地玫瑰茄水提液中的主要有机酸。玫瑰茄花萼中的有机酸的主要成分为木槿酸。

各产地玫瑰茄水提液中具有生物活性的木槿酸和 HCA 含量在 2.05~3.01g/L，占其有机酸总量的 26.79%~50.27%。HCA 在抑制脂肪酸和脂肪合成、抑制食欲和降低体重方面具有良好功效，是天然减肥食品中的一种功能成分；而木槿酸对治疗高血压、动脉粥样硬化、心脏病等疾病有一定的疗效。玫瑰茄浸提液中有机酸种类及含量也在一定程度上反映了其原料中有机酸的组成情况，从本试验得出的结果显示，这两种酸在玫瑰茄花萼中的占比较高。

3. 酚酸种类及其含量分析

在各产地玫瑰茄水提液中检测到了没食子酸、香豆酸、原儿茶酸、绿原酸、龙胆酸、咖啡酸、丁香酸和阿魏酸 8 种有机酸，其中龙胆酸只在广东肇庆、广东惠州、云南武定、云南大理、云南临沧和福建漳州 6 个产地的玫瑰茄水提液中检测到。各产地玫瑰茄水提液在酚酸总量上存在着显著的差异性（$P < 0.05$），其含量变异范围为 207.84~415.95mg/L，其中广东惠州产地的玫瑰茄水提液酚酸总量较高，而广西玉林和海南儋州产地的玫瑰茄水提液酚酸总量较低。

各产地玫瑰茄水提液在酚酸种类及和酚酸的含量上也存在着差异，广东肇庆产地的玫瑰茄水提液中的主要酚酸为香豆酸和龙胆酸；广东惠州、云南临沧和福建漳州产地的玫瑰茄水提液中的主要酚酸为原儿茶酸和龙胆酸；广东梅州和广东广州产地的玫瑰茄水提液中的主要酚酸为香豆酸和阿魏酸；云南武定、云南大理和福建龙岩产地的玫瑰茄水提液中的主要酚酸为原儿茶酸和绿原酸；云南保山产地的玫瑰茄水提液中的主要酚酸为原儿茶酸和龙胆酸；广西玉林、广西桂林和海南儋州产地的玫瑰茄水提液中的主要酚酸为原儿茶酸和绿原酸；贵州贵阳产地的玫瑰茄水提液中的主要酚酸为香豆酸和绿原酸。有研究指出茶叶中的酚酸多为没食子酸和咖啡酸，特别是没食子酸作为茶多酚的组成单元，是黑茶和普洱茶中的特征性酚类物质，而没食子酸含量在玫瑰茄茶中的占比却不高，占酚酸总量的1.19%~5.99%。整体来看各产地玫瑰茄水提液中，除广东肇庆外，原儿茶酸含量均较高，其含量范围在48.84~144.36mg/L，占酚酸总量的16.54%~49.76%。有研究指出玫瑰茄水提液能显著抑制大肠杆菌、金黄色葡萄球菌、鼠伤寒沙门菌及绿脓杆菌的生长，并且这种抑制作用在高温下仍有很好的效果，玫瑰茄水提液的抗菌降血脂作用均可能与其含有的原儿茶酸有很大的关系。

4. 黄酮种类及其含量分析

各产地的玫瑰茄水提液在黄酮组成及其含量上存在着差异性。在所检测的7种黄酮中，各产地玫瑰茄水提液中的含量均较少，其含量变化范围在10.67~18.29mg/L，其中福建龙岩产地的玫瑰茄水提液中含量较高，而云南武定产地的玫瑰茄水提液中的含量较低。在所检测的7种黄酮中，只有4种黄酮成分得到了检出，分别为芦丁、槲皮素葡萄糖苷、杨梅素和木犀草素，其中杨梅素和木犀草素的含量相对较高。其中，芦丁只在广东肇庆、云南大理、云南保山、广西玉林和福建龙岩产地的玫瑰茄水提液中检测到，且含量均较低，在0.21~0.74mg/L之间。而在广西桂林产地的玫瑰茄水提液中没有检测到槲皮素葡萄糖苷。

5. 花色苷种类及其含量分析

各产地的玫瑰茄水提液在花色苷总量上存在差异性，含量变异范围在67.79~366.54mg/L，各产地玫瑰茄水提液中花色苷总量大小顺序为广东梅州＞云南武定＞云南保山＞云南大理＞福建漳州＞广东惠州＞广西玉林＞福建龙岩＞海南儋州＞广东肇庆＞广西桂林＞云南保山＞贵州贵阳＞福建莆田＞广东广州。除了广东广州和福建漳州外，4种花色苷在各产地的玫瑰茄水提液中均有检测到，并且各产地玫瑰茄水提液中D-3-S和C-3-S的含量均较高，其中D-3-S的含量最高，两者总含量占总花色苷含量的百分比在89.24%~98.64%，是玫瑰茄水提液中的主要着色成分。说明玫瑰茄的产区会对其中所含花色苷的含量造成影响，但对其花色苷的构成比例无明显影响。

6. 氨基酸种类及其比例分析

在各产地玫瑰茄水提中检测到了除色氨酸以外的 17 种氨基酸，氨基酸总含量在 68~1629mg/L，其中云南临沧产地的玫瑰茄中氨基酸总含量最高，而福建龙岩产地的玫瑰茄中氨基酸总含量最低。丝氨酸只在福建龙岩产地的水提液中检测出，其含量较低，为 1.07mg/L，占氨基酸总量的 1.07%；酪氨酸只在海南儋州和福建龙岩产地的水提液中检测出，分别占氨基酸总量的 0.10% 和 2.31%；苏氨酸在除云南保山、广西桂林和福建龙岩产地的玫瑰茄水提液中检测出，占氨基酸总量的 0.01%~0.30%；亮氨酸在除广东梅州、广东广州、云南临沧、广西桂林和贵州贵阳产地的玫瑰茄水提液中检出，占氨基酸总量的 0.06%~3.19%。天冬氨酸是合成赖氨酸、苏氨酸、异亮氨酸和蛋氨酸等必需氨基酸的前体物，具有增强肝功能、消除疲劳的作用，是除云南保山和福建龙岩产地玫瑰茄水提液外的主要氨基酸，含量在 280.00~1463.00mg/L，占氨基酸总量的 43.65%~95.66%，其中在云南武定、云南临沧和贵州贵阳产地玫瑰茄水提液中的相对含量较高（＞85%）。而云南保山产地玫瑰茄水提液中的主要氨基酸种类为组氨酸，其含量为 114.36mg/L，占氨基酸总量的 50.76%，组氨酸在成人体内为非必需氨基酸，但在儿童体内为必需氨基酸。此外，脯氨酸作为合成羟脯氨酸的前体物质，在广东肇庆、广东惠州、广东广州、广西玉林、广西桂林和福建龙岩产地的玫瑰茄水提液中的相对含量也较高（＞10%）。有研究报道，脯氨酸含量与植物的抗逆性有关，当植物的生长环境恶劣时植物中的脯氨酸含量会发生积累。因此，推测造成各玫瑰茄中脯氨酸含量差异的原因与其生长的环境相关。

二、不同产地玫瑰茄酒有效成分比较

1. 玫瑰茄酒发酵过程中木槿酸和 HCA 含量的变化

各产地玫瑰茄酒中木槿酸含量在主发酵阶段表现出不同程度的降低和升高。在主发酵的初期，各玫瑰茄酒中木槿酸含量均呈降低的趋势，之后木槿酸含量在一定的范围内升高或者降低，至主发酵结束时，各玫瑰茄酒中木槿酸含量为 0.83~1.99g/L，为发酵前木槿酸含量的 63.13%~88.46%，其中广西桂林产地的玫瑰茄酒中木槿酸含量的降幅最大，而云南武定产地的玫瑰茄酒木槿酸含量降幅较小。在后发酵阶段的初期，各玫瑰茄酒中木槿酸含量呈上升趋势，之后其含量稳定在一定的范围内，在后发酵 40 天后，各玫瑰茄酒中的木槿酸含量在 1.12~1.63g/L。各产地玫瑰茄酒中的 HCA 含量在主发酵阶段的主要变化趋势为先降低再升高然后再降低。在主发酵的第 2 天，各玫瑰茄酒中 HCA 的含量出现了降低，降幅在 11.11%~52.38%，其中云南保山产地的玫瑰茄酒 HCA 含量降幅最大；在主发酵的第 4 天，各玫瑰茄酒中的 HCA 含量出现了回升，之后广东惠州和云南武定产地的玫瑰茄酒在降低后又出现了回升，而其余产地的玫瑰茄酒 HCA 含量呈缓慢降低的趋势；至主发酵结束时，各玫瑰茄酒中的 HCA 含量为 0.12~0.37g/L，为发酵前各玫瑰茄酒 HCA 含量的 50.00%~80.65%，其含量出现了降低。在后发酵过程中，在后发酵的前 10 天 HCA 含量呈降低趋势，之后其含量稳定在一定的范围内，为 0.09~0.26g/L，其中广东梅州产地的玫瑰茄酒 HCA 含量在后发酵第 30 天时含量略有升高。

2. 玫瑰茄酒发酵过程中花色苷含量的变化

玫瑰茄酒中总花色苷的含量在发酵过程中的变化趋势趋于一致，均呈下降的趋势，这与总花青素含量的变化规律一致，其在主发酵阶段的降低速度要大于后发酵阶段。至主发酵结束时，各玫瑰茄酒中总花色苷含量在 63.64~157.25mg/L，为发酵前总花色苷含量的 52.38%~73.8%；经过 40 天的后发酵，各玫瑰茄酒中总花色苷含量在 22.80~47.77mg/L，为发酵前总花色苷含量的 13.86%~29.85%。

3. 玫瑰茄酒发酵过程中酚酸含量的变化

各产地玫瑰茄酒中阿魏酸的含量在主发酵过程中呈现先降低再升高的趋势。主发酵结束时，各玫瑰茄酒中的阿魏酸含量在 20.15~80.91mg/L，其含量与发酵前相比出现了降低。而在后发酵的前 10 天中，各玫瑰茄酒中的阿魏酸含量出现了降低，之后保持在一定的范围内出现了不同程度的升高和降低，经过 40 天的后发酵期后，各玫瑰茄酒中的阿魏酸含量在 11.03~68.03mg/L，低于主发酵结束时的含量。

龙胆酸只在云南临沧、云南武定和云南大理产地的水提液及其酒中检测出。龙胆酸含量在玫瑰茄酒主发酵阶段呈下降的趋势，其中在云南产地玫瑰茄酒中的降低速度较快。在后发酵阶段，龙胆酸含量变化较小。

各玫瑰茄酒发酵过程中总酚酸的变化规律趋于一致性，在主发酵阶段呈缓慢下降的趋势，在后发酵阶段呈先升高后降低的趋势。在主发酵结束时，各玫瑰茄酒中酚酸总量在 147.90~21.89mg/L，与发酵前总酚酸含量相比均发生了降低；在经过 40 天的后发酵，各玫瑰茄酒中酚酸总量在 128.14~254.59mg/L。

第五节　挥发性成分（挥发油）

挥发油，又称精油，是一类可随水蒸气蒸馏得到的与水不相混溶的挥发性油状成分，往往具有独特的芳香气味，且成分十分复杂。中药植物中提取的挥发油因其显著的生物活性而备受关注。天然中药材里，许多含有挥发油成分，通常具有很强的药理活性，且来源不同、功效各异。在抗菌、抗氧化、抗炎、抗肿瘤、抗病毒及促进药物吸收等多方面都具有作用。

■ 一、玫瑰茄精油组分

挥发性成分是存在于植物中的一类具有芳香气味的复杂化合物。研究表明，玫瑰茄种子和花萼中含有丰富的挥发性成分。玫瑰茄种子油中含有超过 25 种挥发性化合物，主要是 C8-C13 不饱和烃类、醇类和醛类化合物。对玫瑰茄花萼进行冷冻、干燥等不同处理后，经 GC-MS 检测出发现 37 种挥发性成分，主要包括脂肪酸衍生物（如 2- 乙呋喃和己醛）、糖类衍生物（糠醛和 5- 甲基 -2- 糠醛）、酚类衍生物（如丁香酚）、和萜烯类化合物（如 1,4- 桉树脑和柠檬烯）。玫瑰茄新鲜和干燥花萼材料中，在不同温度条件下水提取挥发性成分，通过 GC-MS 检测共分析出 32 个化合物，其中有 14 种醛类、10 种醇类、5 种酮类化合物、2 种萜烯和 1 种酸，而 4 种样品共同含有的化合物仅有 7 种。产地云南省的玫瑰茄花萼采用水蒸气蒸馏法 95℃提取 5h 得到挥发油，通过 GC-MS 共检测出 47 种化学成分，占挥发油总量的 97%，其中以磷酸三丁酯（18.63%）、苯甲酸苄酯（3.40%）、和异辛酯（3.37%）为主的酯类化合物（31.42%）最为丰富，此外还主要有烷基（29.19%）、有机酸类（9.85%）、芳香族化合物（9.34%）、酮类（9.32%）及少量醇酚（4.91%）、烯烃（2.04%）和醛类（0.93%）。水蒸气蒸馏法提取的玫瑰茄花萼挥发油进行 GC-MS 分析，共检测出 48 个挥发性成分，其相对百分含量占总挥发油的 55.6%。主要成分为邻苯二甲酸二丁酯（8.56%）、对乙基苯甲醛（4.80%）、油酸甲酯（4.77%）、2,4- 二甲基苯酚（4.00%）。通过 GC-MS 检测从玫瑰茄花萼共得 17 种脂肪酸，其中主要的脂肪酸为亚油酸（45.03%）、油酸（23.62%）、棕榈酸（22.91%）、硬脂酸（3.41%），不饱和脂肪酸含量高达 71.40% 以上。

二、玫瑰茄挥发性油提取工艺

1. 玫瑰茄花萼的干燥和处理

玫瑰茄干花萼置于电热鼓风干燥箱中 60℃，干燥 12h，粉碎机粉碎后过 60 目筛，得玫瑰茄干花萼粗粉，备用。

2. 水蒸气蒸馏法（SD）

SD 法的流程为：按料液比 1 ∶ 20，加入 100g 玫瑰茄花萼粗粉和 2000mL 蒸馏水于 5L 圆底烧瓶中，摇匀，充分浸泡 1h 后，100℃保持微沸提取 5h。停止加热，冷却 30min，将刻度段蒸馏水放出，再用乙醚从冷凝管顶部自上而下淋洗挥发油，收集于 50mL 锥形瓶。加入适量无水硫酸钠除脱水，滤纸过滤并转移至已称重的 50mL 楔形瓶中，旋转蒸发仪旋干乙醚，即得淡黄色玫瑰茄挥发油。

3. 固相微萃取法（HS-SPME）

分别称量 1.0g 花萼粗粉和 1.5g NaCl 转移至 20mL 玻璃瓶中，加入 4mL 蒸馏水溶解，摇匀后并封口。将样品瓶放入自动进样器，设定进样程序，萃取条件：50℃平衡 30min，插入萃取头，在相同搅拌速度和加热温度下萃取 40min 后，萃取头进入 GC 的进样口，250℃下解析 3min，得到挥发油。

4. 两种提取方法挥发油组分比较

SD 法提取的挥发油得率为 0.0146%，成分中共检测出 20 种挥发性成分。其中，含量最高的是以棕榈酸（39.19%）和亚油酸（5.28%）等为代表的有机酸类，而以棕榈酸甲酯为主的脂肪酸类化合物的种类最多。而 HS-SPME 法得到的挥发性成分种类较少，主要成分是 4- 雄烯 -11β - 醇 -3,17- 二酮（8.68%）和棕榈酸甲酯（5.65%）。这可能是由于固相微萃取过程温度较低、速度较快，很多容易挥发油的化学成分没有完全萃取出来。经过超声微波处理过的挥发油和没有经过处理的挥发油的主要成分的相对含量存在轻微差异，但是主要成分种类并没有发生明显的变化，可能是由于超声和微波处理过程中高温放热，对挥发油中一些容易分解和挥发的成分造成了影响。

三、玫瑰茄挥发油功效

1. 抗氧化作用

FRAP 法是基于氧化还原反应，在酸性条件下，Fe^{3+} 与 TPTZ 形成 Fe^{3+}–TPTZ 复合物，复合物中的 Fe^{3+} 易被具有还原能力的物质还原为 Fe^{2+} 而呈明显的蓝色。在最大吸收波长 595nm 处，吸光度值与还原物含量呈比例关系，$FeSO_4$ 在 0.0~1.0mmol/L 范围内呈现良好的线性关系。样品的吸光度值对应标曲的 $FeSO_4$ 的毫摩尔浓度记作该样品的 FRAP 值。FRAP 值越高，证明样品的还原力越强。随着 V_C 浓度的增大，对应的 FRAP 值越高，且呈现良好的浓度依赖关系，说明 V_C 具有良好还原能力。比较之下，挥发油样品不同浓度之间的 FRAP 值偏低，且没有很明显的变化，表明玫瑰茄挥发油并没有很好的还原 Fe^{3+} 的能力。

2. 清除 DPPH 自由基能力

在有机溶剂，如无水乙醇溶液中，DPPH 自由基呈现稳定的紫色，但当溶液中存在自由基清除剂时，DPPH 自由基的单电子被配对，在最大吸收波长处的吸光度变小，溶液颜色变浅，且颜色变化程度与配对电子数存在剂量关系。V_C 和挥发油样品对 DPPH 自由基清除率都呈现一定的剂量关系，但是同浓度的清除率存在着很大的差异。随着样品浓度的增加，400μg/mL 时，V_C 的清除能力最高可达 95.51%，而挥发油的清除率只有 13.21%，表明玫瑰茄挥发油有一定的清除 DPPH 自由基的能力。

3. 清除 ABTS 自由基能力

ABTS 分子与过硫酸钾反应会生成蓝绿色的 $ABTS^+$ 发色团，在低温避光的条件下，能够提供质子的抗氧化剂，可以使 $ABTS^+$ 自由基还原成无色的 ABTS 分子。在最大吸收波长处，通过样品清除 $ABTS^+$ 自由基后吸光度值的变化，评价样品清除 $ABTS^+$ 自由基的能力。阳性对照 V_C 的清除效果显示良好的浓度依赖关系，随着浓度的增加，50μg/mL V_C 的清除率达到 94.13%，浓度继续增大，清除率趋于稳定；挥发油清除效果则随着浓度增加保持相对稳定，在最大浓度 400μg/mL 时，$ABTS^+$ 自由基清除率最高仅达到 10.60%。说明玫瑰茄挥发油清除 $ABTS^+$ 自由基的能力非常一般。

4. 抗肿瘤作用

（1）MCF-7 的增殖抑制作用

玫瑰茄挥发油和阳性对照 5- 氟尿嘧啶（5-FU）对 MCF-7 细胞株的增殖抑制作用都具有良好的浓度依赖性，且整体抑制效果挥发油要优于阳性对照。随着浓度的增加，玫瑰茄挥发油对 MCF-7 增殖的抑制率先呈现浓度依赖型升高，达到一定浓度后抑制率趋向于平稳。500μg/mL 时，挥发油的抑制效果高达 92.41%，远远高于浓度为 1000μg/mL 的 5-FU 对 MCF-7 细胞增殖的最大抑制率 51.39%。由上可知，挥发油在统计学上有着极好的 MCF-7 细胞增殖抑制作用。

（2）Hep G2 的增殖抑制作用

5-FU 对 Hep G2 细胞的增殖呈现良好的抑制效果，且呈现剂量依赖关系，随着浓度的增加，1000μg/mL 时，抑制率最高可达 46.24%。玫瑰茄挥发油对 Hep G2 细胞增殖的抑制效果明显不如阳性对照组，所有实验浓度下的抑制率都不足 20%，以上表明玫瑰茄挥发油对 Hep G2 细胞增殖抑制作用较差。

（3）PC3 的增殖抑制作用

玫瑰茄挥发油对 PC3 增殖的抑制作用类似于挥发油对 MCF-7 的增殖抑制作用。随着浓度增加，阳性对照的抑制效果显示出良好的浓度依赖关系，玫瑰茄挥发油对细胞增殖的抑制率则先逐渐增大后略有下降，抑制效果存在较显著的差异。挥发油对细胞的抑制率明显高于 5-FU，浓度为 250μg/mL 时，细胞增殖抑制率 52.14%，浓度 500μg/mL 时达到最大抑率 86.72%。结果证明玫瑰茄挥发油在统计学上显示出很强的 PC3 增殖抑制作用。

5. 抑菌作用

阳性对照氯霉素和卡那霉素对金黄色葡萄球菌、痢疾志贺杆菌、绿脓杆菌、大肠杆菌和伤寒沙门菌供试菌均显示出不同程度的抑制效果。玫瑰茄挥发油（HSO）对不同菌种的抑菌效果存在差异。HSO 浓度为 1000μg/mL 时，对金黄色葡萄球菌的抑菌圈大小为 13mm < D ≤ 19mm，属于中度敏感；对大肠杆菌和伤寒沙门菌的抑菌圈大小为 7mm < D ≤ 13mm，属于低度敏感；而对绿脓杆菌和痢疾志贺杆菌不敏感，没有明显的抑制效果。

HSO 对金黄色葡萄球菌的 MIC 最小，为 62.5μg/mL，其次是痢疾志贺杆菌 125μg/mL，大肠杆菌、绿脓杆菌和伤寒沙门菌的 MIC 均为 250μg/mL。阳性对照氯霉素和硫酸卡那霉素的 MIC 均为 62.5μg/mL，对不同菌种均显示出良好的抑制效果，验证了挥发油对不同菌种生长的抑制作用存在差异。

第七章
玫瑰茄花青素研究

第一节 天然色素的提取

一、水浸提法

水浸提法通常用于提取可溶于水的色素。因为色素的溶解性及稳定性的不同，可以采用热水提取法、酸水提取法、碱水提取法，以提高得率。水浸提法因水对原料中成分的选择性较小，提取出的色素杂质较多，色素含量少，并且对于色素的纯化精制会相对困难。碱提取法会使油溶性色素容易发生皂化脱脂，使色素稳定提取，并且有助于虾青素的提取。但是由于提取率不高，损耗酸碱量较大，同时提取废液也较难回收，因此碱提取法很少被采用。

二、有机溶剂提取法

采用有机溶剂提取天然食用色素是比较常用的方法，它不仅可以提取一些水溶性的色素，并且还可以提取那些不溶于水的脂溶性色素。采用有机溶剂提取色素具有提取率高、杂质残留少等优点。常用的有机溶剂有丙酮、石油醚、乙醇、甲醇、正丁醇、乙酸乙酯、三氯甲烷等。由于乙醇具有极性大、方便回收、毒性不大等特点，因此乙醇作为提取溶剂常用于工业生产。

三、微波或超声波辅助提取法

利用微波或者超声波辅助对原料进行处理，通过破坏原料的组织细胞结构，加快内部色素的转移、扩散，提高色素的浸出率和产品的纯度。采用微波或者超声波辅助提取色素比传统的提取法的提取时间短，而提取色素的色价却提高，但是由于微波和超声波辅助提取法的成本过高，因此在工业中不宜选择。

四、生物酶法

利用生物酶可以使细胞壁软化分解，从而促进色素的溶出，提高了提取率，并且由于酶具有专一性，因此利用生物酶法还可以提高色素的品质。在生物酶法提高黄璧小巢碱染料的提取率方面，研究了纤维素酶的温度、时间和浓度等因素对于酶解黄璧中纤维素的影响，得到最佳的提取色素的条件。生物酶法可降低萃取色素的阻力，从而可以高效快速地提取色素，但成本较高，工业生产中不宜使用。

第二节 玫瑰茄花青素提取工艺研究

一、浸提溶剂的影响

1%盐酸、70%乙醇、0.1M柠檬酸水溶液和蒸馏水粗提取花青素的含量分别为4.826、3.835、5.201、4.584mg/g。经分析，0.1M柠檬酸水溶液的提取量最高；由于玫瑰茄花青素在酸性条件下稳定，1%盐酸虽然其pH值较低，可保证花青素稳定，但易破坏花青素的天然结构；而70%乙醇虽然在一定程度上减少了果胶等物质的溶出，但酸性环境不够，花青素难以稳定，同样影响其提取量。0.1M柠檬酸水溶液的pH值为2.9，可以有效地保证花青素在提取液中的稳定性，又不至于破坏其花青素的天然结构，所以选取0.1M柠檬酸水溶液为提取溶剂。

二、浸提温度的影响

30、40、50、60、80℃条件下粗提取玫瑰茄花青素的含量分别为3.065、3.812、5.018、5.205、4.127mg/g。从实验结果看出，50℃和60℃时的提取量明显大于其他温度条件。由于花青素属细胞内容物，而温度对该类物质的溶解性影响较大。一般温度越高，各物质之间运动越剧烈，从而花青素溶解的也越多；但由于花青素在高温下易降解，并且果胶类物质也随之不断地溶解，致使花青素的提取率下降。所以综合各方因素，选取60℃为最佳提取温度。

三、质量料液比的影响

1∶10、1∶15、1∶20、1∶25和1∶30料液比粗提取玫瑰茄花青素的含量分别为4.006、4.367、5.201、5.218和5.215mg/g。从实验结果可以看出，随着料液比的增加，花青素的提取量也相应地增加，1∶20显著高于1∶10和1∶15，但是随着料液比达到一定程度，花青素的提取量并没有随着料液比的增加而增加显著。分析结果，增加提取溶剂，这样溶质与溶剂就可以充分的接触，细胞内的物质就更容易溶解到溶剂中，但当溶质与溶剂达到一定量时，提取量也将不会增加，即便增加也不再显著。所以，本实验中确立 1 ∶ 20 为最佳提取质量料液比。

四、浸提时间的影响

30、60、90、120 和 150min 粗提取玫瑰茄花青素的含量分别为 2.035、3.608、5.198、5.202 和 4.915mg/g。随着时间的增加，花青素含量呈现先快速增加后慢慢减少的趋势，当提取时间为 90~120min，花青素提取量最大。分析结果，提取时间越长，其玫瑰茄花萼与溶剂之间就能充分接触，花青素的溶解量就越多；但是随着时间的增加，花青素在 60℃ 的环境下，其稳定性必然会受到影响，所以才会出现下降的情况，同时时间越长，能源的消耗也会增多，这不仅为实验带来时间问题，也提高了生产成本。结合各方面的因素，选取 90min 为最佳提取时间。

五、浸提液浓度的影响

选取 0.02、0.05、0.1、0.15、0.2M 的柠檬酸水溶液粗提取玫瑰茄花青素的含量分别为 4.695、4.832、5.201、5.103 和 4.786mg/g。其中，0.1M 和 0.15M 浓度对玫瑰茄花青素含量的提取率相差不大，但还是高于其余 3 组。分析结果，在低浓度下，可以有效保持花青素稳定性和花青素的天然结构，所以其提取花青素的含量较高；但当提取液的浓度升高，pH 值随之降低，花青素的天然结构就会受到一定程度的破坏，故含量有所下降。所以，综合考虑提取率和经济可行，确定 0.1M 柠檬酸水溶液为提取剂浓度。

六、正交试验

正交试验结果及级差分析得知，4 种因素对花青素提取率的影响依次为：时间＞温度＞质量料液比＞柠檬酸浓度。最佳工艺条件为：温度 60℃，反应时间为 90min，料液比 1 ∶ 15，柠檬酸浓度 0.15M。综合柠檬酸浓度对花青素提取率影响最小等各方面因素最终选取的提取工艺条件为：温度 60℃，反应时间为 90min，质量料液比 1 ∶ 15，柠檬酸浓度 0.1M。在此条件下进行验证实验，粗提取液花青素的含量为 5.586mg/g 干粉重。

第三节 天然食用色素的纯化技术

一、树脂吸附分离法

树脂吸附分离法在天然色素提纯方面应用比较广泛。树脂吸附分离能耗不高、工艺简单、成本较低，并且与通过传统工艺提取的天然色素相比，杂质少、品质高。例如，大孔树脂是天然色素提取中比较常见的树脂，它可以提取葡萄色素、紫荆花红色素、紫甘薯色素等，可以提高所提取色素的品质，可以有效地去除提取液中的糖类、黏液等成分，进而提高其稳定性。

树脂的物理、化学性质稳定，吸附纯化色素时，选择性强，不易受到其他杂质的影响，同时树脂还具有使用方便、可循环多次使用、容易解吸、经济实用、成本低等优点。但是树脂也同样存在着一些问题，例如安全性问题。主要是树脂裂解物和其他相关有害物质的残留，以及在使用过程中树脂有可能破碎而受污染，致使分离能力降低。

二、膜分离技术

膜分离技术就是以这种膜为介质，在外力的作用或者是以化学位差作为推动力的作用下，对组分或多组分的系统进行逐级分离、提纯和浓缩。近年来，膜分离技术作为一种新型分离技术，因其高效、精密的分离效果，使得在天然产物分离、提纯过程中越来越重要，逐渐渗透于人们的生活中，并且不断应用于各种天然产物的实验室和工业生产中。

膜分离技术的特点：设备简单，容易操作；膜分离技术属于渗透，物理分离，不会经过化学和生物性的变化，因此可以使天然物质的有效成分保留完好；能耗低，污染小；膜片可以再生，循环使用；成本较高。

膜分离技术的应用膜分离技术近年来被广泛应用于药品、化妆品、食品、污水治理等方面中。例如，在色素分离过程中，由于色素与杂质分子大小的差异，采用超滤膜或反渗透膜，可去除各种不溶性大分子如多糖、蛋白质等。在废水处理中，膜分离技术还经常被用来处理污水，以及对提高水质、海水淡化处理、高纯水的生产等，效果都很显著，可以说满足了提高人们的生活质量及促进社会发展的需要。

膜分离技术同样也存在一些问题：容易受到污染，致使堵塞膜孔，不利于分离有效物质，膜片必须定期清洗；由于清洗膜片的清洗剂会残留于膜片中，有可能会污染所要分离的物质；膜片容易发生溶胀、破裂等。

三、超临界萃取、纯化技术

超临界流体，是介于气态和液态之间的一种状态，具有液体和气体的双重性质，因此其溶解性较好，能够很好地溶解醚类、酮类、脂肪酸、植物碱、甘油醋等物质，因此可以用于这类物质的萃取分离。超临界流体常用二氧化碳、乙烷、丙烷等低分子化合物。利用这种流体作为萃取剂的技术即为超临界流体萃取技术。超临界流体萃取技术近年来作为一种快速、高效、安全的分离技术深受科研人员的喜欢，并成功应用于食品、医药和化妆品行业中。超临界萃取技术与传统萃取技术相比，有很多优点，如由于超临界流体的温度相当于常温，完全可以降低能耗，并且可以完全保留萃取物质的有效成分，保证产品的质量。

超临界萃取技术的优点：操作温度基本为室温，可以保证有效成分的保留，提高天然产物的稳定性；具有良好的溶解性、渗透性，从而达到高速分离物质效果；萃取剂为无毒、无味的小分子化合物，安全性高；操作过程容易控制；溶剂可循环使用，减少能源浪费。

近年来，超临界流体萃取技术作为一种新兴的分离技术，开始应用于天然色素的分离与纯化。例如，将超临界萃取技术应用在番茄红素、玉米黄色素的萃取和纯化中。

第四节　玫瑰茄色素纯化

综合比较 XDA-7、AB-8、D101、DA201、X-5 这 5 种树脂对玫瑰茄红色素的吸附率和解吸率，选定吸附分离法纯化玫瑰茄红色素的大孔树脂吸附。结果表明，XDA-7 树脂对玫瑰茄红色素的吸附选择性最佳、纯化效果最好，选用 XDA-7 树脂纯化玫瑰茄红色素。通过单因素和正交试验得出 XDA-7 树脂纯化玫瑰茄红色素的最佳条件，最佳吸附条件为上样浓度为 2mg/mL、上样流速为 1.75mL/min、pH2.76、吸附率为 90.1%；最佳解吸条件为洗脱剂浓度为 75%、洗脱剂值为 3、洗脱流速 1.5mL/min、洗脱剂用量为 60mL、解吸率为 94.6%。经纯化后的玫瑰茄红色素的色价为 52.6，是未纯化的玫瑰茄红色素的 7 倍。

采用紫外、红外、液质联用测定方法对纯化后的玫瑰茄红色素进行测定分析。玫瑰茄红色素的紫外—可见扫描光谱测定分析表明，玫瑰茄红色素属于花色苷类色素；玫瑰茄红色素的红外测定分析表明，玫瑰茄红色素为矢车菊—葡萄糖苷类或者飞燕草—葡萄糖苷类色素；液质联用测定分析结果表明，玫瑰茄红色素主要含有两种组分：组分 I（21.55min）分子量为 449.3，包含一个葡萄糖苷，是矢车菊—葡萄糖苷类色素；组分 II（38.23min）的分子量为 580.8，是一种通过 C4-C6、C4-C8 键结合形成的低聚合花青素类。

第五节　玫瑰茄花色苷抗氧化性研究

研究在酸性环境、热加工过程中，玫瑰茄花色苷清除 DPPH（1,1- 二苯基 -2-三硝基苯肼）自由基和 ABTS［2,2- 联氮 - 二（3- 乙基 - 苯并噻唑 -6- 磺酸）］二铵盐自由基能力的变化，对探究玫瑰茄花色苷非常态下的抗氧化性能具有重要意义。

一、热处理对花色苷溶液抗氧化性的影响

热处理对照组花色苷 DPPH 抗氧化能力为 0.453~0.721mg Trolox/mL，其 ABTS 抗氧化能力为 0.786~0.973mg Trolox/mL。玫瑰茄花色苷的抗氧化能力在热处理前 1.5h 不断波动，但是经过热处理 2.5h 后，其体外抗氧化能力相比于对照组样品显著下降（$P < 0.05$）。对于前期抗氧化性的波动起伏，花色苷的一些降解产物，如原儿茶酸、2,4,6- 三羟基苯甲醛和 4- 羟基苯甲酸，可能对维持热处理过程中花色苷的抗氧化能力起到很大的作用。即在加热的前期过程中，花色苷抗氧化能力的波动有可能是由于其降解产物对其总体抗氧化能力的影响所致。经过热处理 2.5h后，随着花色苷的温度对降解物一定程度的破坏，花色苷体系的整体抗氧化能力有所下降，因此花色苷的加工过程中要避免长时间的热处理。

二、pH 对花色苷溶液抗氧化性的影响

pH 对玫瑰茄花色苷溶液的抗氧化能力有很强的影响。随着 pH 的升高，花色苷抗氧化能力呈下降趋势。pH1.0 和 pH2.0 条件下的花色苷溶液具有最高的抗氧化能力，其 DPPH 和 ABTS 抗氧化能力分别为（0.703 ± 0.013）、（0.973 ± 0.102）mg Trolox/mL 和（0.721 ± 0.034）、（0.971 ± 0.053）mg Trolox/mL。然而，在 pH5.0时观察到花色苷溶液具有较低的抗氧化能力，其 DPPH 和 ABTS 抗氧化能力分别为（0.453 ± 0.037）mg Trolox/mL 和（0.786 ± 0.058）mg Trolox/mL。这可能是由于花色苷在不同的 pH 条件下具有不同的结构所致。对于玫瑰茄花色苷来说，在更低的 pH 条件下的花色苷形式在清除自由基方面可能更有效，因此需要通过进一

步研究将不同形式的花色苷的含量与总抗氧化能力联系起来。而且当溶液 pH2.2 时，所有温度条件下（100、121、135、145、165℃）均具有最低的抗氧化能力，这可能是由于不同的花色苷的性质导致的差异。

三、添加稳定剂对玫瑰茄花色苷抗氧化性的影响

添加了海藻酸钠和羧甲基纤维素的溶液中，经过 2.5h 的加热后，其 DPPH 和 ABTS 抗氧化能力均比空白组高。同时，随着稳定剂浓度的逐渐加大，花色苷溶液的抗氧化能力有增大的趋势。同样添加量下，海藻酸钠对花色苷溶液抗氧化性的稳定效果较羧甲基纤维素好。β – 环糊精能与花色苷通过络合作用而改善了玫瑰茄花色苷的热稳定性，并更好地保留了花色苷的抗氧化性。

结果表明在 pH < 3.0 的条件下，玫瑰茄红色素的色价随时间的延长而基本不变，稳定性较好；在 pH > 5 的条件下，玫瑰茄红色素的色价变化很大，极不稳定。玫瑰茄红色素在 60℃以下保持稳定，当温度高于 80℃时极不稳定，耐热性一般。室内光照射下，玫瑰茄红色素的色价变化较小，具有一定的耐光性，但在太阳光照射下，玫瑰茄红色素的色价变化较大，加工储藏室应避免强光直射。大多数金属阳离子对玫瑰茄红色素有影响，Mg^{2+}、Zn^{2+}、Ca^{2+} 对玫瑰茄色素的影响较小，Cu^{2+}、Al^{3+} 等离子具有增色作用，而会引起吸收峰红移现象。因此，玫瑰茄红色素应尽量避免与铜铁铝器皿接触。

四、结论

80、90 和 100℃下加热 2.5h 后，花色苷的抗氧化能力均出现下降。pH 对玫瑰茄花色苷溶液的抗氧化能力有很强的影响。同一温度下，β – 环糊精能与花色苷通过络合作用而改善了玫瑰茄花色苷的热稳定性，并更好地保留了花色苷的抗氧化性。

第六节 玫瑰茄花色苷热降解稳定性研究

通过研究 pH 值、温度对玫瑰茄花色苷热稳定性的影响，建立其热降解动力学模型，并探究热加工过程中花色苷的 L*、a*、b* 值的变化，为有效控制玫瑰茄花色苷在加热过程中的降解提供理论依据。

一、pH 对花色苷稳定性的影响

玫瑰茄花色苷降解速率常数随着 pH 的增加而增加，花色苷的半衰期则呈现减少的趋势，这是由于花色苷可随溶液 pH 变化而发生结构上的转化。当 pH < 2 时，花色苷主要以红色的 2– 苯基苯并吡喃阳离子形式存在；pH 3~6 时，以无色的甲醇假碱或查尔酮形式存在；pH > 8 时，以蓝色的离子化醌式碱形式存在。在酸性水溶液中，花色苷同时存在酸碱平衡、水和平衡和环—链异构化 3 种化学平衡。一般而言，在相同的外界条件下，pH 越大，花色苷的降解速度越快。在本试验中，随着 pH 增加，花色苷的 Q10 均逐渐增大（pH2.0 例外），表明温度对花色苷的影响随着 pH 的增加而增加。pH1.0 和 pH2.0 的 Q10 明显小于 pH3.0、pH4.0 和 pH5.0（pH3.0，80~90℃条件下的 Q10 除外）。这表明，pH1.0 和 pH2.0 时，温度对花色苷的降解速率影响小于其他 pH 对其降解的影响。随着 pH 从 1.0 上升到 5.0 的过程中，玫瑰茄花色苷的 Ea 逐渐降低，同时 pH < 3 时玫瑰茄花色苷降解速率常数要比 pH ⩾ 3 时要低，表明花色苷在 pH < 3 时稳定，在 pH ⩾ 3 时不稳定。在不同的 pH 和温度组合下，花色苷在稳定性方面表现出不同的结果。pH 和温度的综合影响既不是简单的个别效应的累加，也不是它们的线性组合。pH 在热处理下稳定花色苷中起着重要的作用。特别是在高温处理过程中，较低的 pH 有助于降低花色苷的热损伤。然而与 pH 相比，温度对两种花色苷的稳定性影响较大，由温度升高引起的花色苷的损失比由 pH 增加引起的损失更大。如在 80℃条件下，当 pH 从 1.0 上升到 5.0，玫瑰茄花色苷的降解速率常数由 0.2570 逐渐增加到 0.3765；而在 100℃条件下，随着 pH 从 1.0 增加到 5.0，玫瑰茄花色苷的降解速

率常数由 0.3213 逐渐增加到 0.6547。试验结果表明，温度对花色苷的稳定性的影响大于 pH。因此，在食品热加工过程中，应首先考虑将热损失降到最低，然后降低食品的 pH。

二、温度对花色苷稳定性的影响

在加热的过程中，花色苷会发生水解或去糖基开环反应，形成查耳酮或其同分异构体 α- 二酮，然后降解为酚酸和醛类。据报道，玫瑰茄花色苷中的两种主要成分飞燕草素 -3- 接骨木二糖苷、矢车菊素 -3- 接骨木二糖苷的降解均遵循一级反应动力学，飞燕草素 -3- 接骨木二糖苷对温度升高的敏感性要明显高于矢车菊素 -3- 接骨木二糖苷，它们热降解分裂生成原儿茶酸、没食子酸和 2,4,6- 三羟基苯甲醛。

添加海藻酸钠、羧甲基纤维素和 β- 环糊精的 3 组玫瑰茄花色苷溶液在 80℃、90℃和 100℃这 3 个温度条件下的降解均符合一级动力学方程，推测其降解过程应属于裂解反应，即花色苷被裂解为糖基和花色素基元两部分。添加不同稳定剂的 3 种溶液中，玫瑰茄花色苷的降解速率常数均随着温度的升高而增大，半衰期随着温度的升高而减小，结果说明低温条件下有利于玫瑰茄花色苷的稳定。在 80℃、90℃和 100℃这 3 个温度下添加稳定剂组的降解动力学参数均比空白组小，而且半衰期也都比空白组大，说明添加稳定剂能有效延缓花色苷的降解。这可能是因为花色苷分子被包埋在稳定剂的空腔中，在热处理下比游离花色苷更加稳定、不易被裂解为糖基和花色素基元。

在稳定剂组，β- 环糊精组在 80℃和 90℃时的降解速率常数为 0.1521 和 0.1768，显著小于海藻酸钠（k80℃ = 0.1630 和 k90℃ = 0.1824）和羧甲基纤维素（k80℃ = 0.1655 和 k90℃ = 0.2166），说明 β- 环糊精在 80℃、90℃下的稳定效果要优于其他两种稳定剂。在 100℃时，3 组稳定剂的降解速率常数的大小依次为：羧甲基纤维素 > β- 环糊精 > 海藻酸钠，海藻酸钠的稳定效果最好，其次为 β- 环糊精。添加稳定剂组和空白组中，Q10 随着温度的升高而增大（羧甲基纤维素例外），表明温度高时，每升高 10℃处理温度会导致花色苷降解速率比温度低条件下增加更大的比例。添加 1.0%β- 环糊精组的花色苷 Ea 最大，表明此条件下花色苷发生热降解需要能量最高，热稳性最好。而空白组 Ea 最小，热稳定性最差，花色苷降解反应对温度变化敏感性比较弱。因此，选择 β- 环糊精进行进一步的研究。

三、温度对花色苷色泽的影响

在食品加工过程中，感官评定扮演着极其重要的角色，色泽是反应食品品质的一个重要指标。一般情况下，花色苷溶液呈现鲜红色，高温蒸煮后则红色变得越来越淡，这是由花色苷本身的性质决定的。玫瑰茄花色苷溶液空白组的 L*、a*、b* 值分别为 22.78、15.76、3.60；0.5%β- 环糊精组分别为 38.25、18.43、4.07；1.0%β- 环糊精组分别为 36.67、18.01、4.14；1.5%β- 环糊精组分别为 37.81、16.86、2.86。结果表明，与空白组相比，β- 环糊精组具有更高的 L* 值（亮度）、a* 值（红度）及更低的 b* 值（黄度），并且随着 β- 环糊精浓度的增加，a* 值和 b* 值均有下降的趋势。80℃下加热 150min 后，所有组的 a* 值变小，b* 值变大，L* 值也有轻微的减小，意味着加热会降低花色苷溶液红度，溶液黄度增加。同时，随着 β- 环糊精浓度的增加，花色苷溶液红度下降及黄度上升的趋势均下降，且比空白组要好，说明 β- 环糊精能有效维持花色苷的红度。

一般来说，在水溶液中玫瑰茄花色苷浓度越大，则溶液的 a* 值越大，β- 环糊精能有效保持花色苷的 a* 值，说明 β- 环糊精能减缓花色苷的降解速率，溶液中最后剩余的花色苷的浓度越大。另一方面，b* 值与溶液黄度相关，花色苷溶液热降解会导致溶液中的 b* 值的上升，而随着 β- 环糊精添加量的增加，b* 值上升的趋势减缓，也从另一方面证明了随着 β- 环糊精添加量增加，花色苷的热降解速率变小。结果表明，添加 β- 环糊精对于延缓花色苷的热降解、维持其红度起到重要的作用，而花色苷溶液诱人的鲜红色能增加人们的接受度，具有重大的市场价值。

四、结论

在稳定性研究中，玫瑰茄花色苷在 pH1.0 和 pH2.0 的条件下，其热稳定性更强。添加 1.0% 海藻酸钠、羧甲基纤维素和 β- 环糊精的 3 组玫瑰茄花色苷溶液在 80、90 和 100℃这 3 个温度下的降解均符合一级动力学方程，降解速率常数均随着温度的升高而增大，半衰期随着温度的升高而减小。β- 环糊精具有很好的延缓花色苷降解的潜力，在 0.5%、1.0% 和 1.5%β- 环糊精组中，均表现为温度越高，花色苷的降解速率越大，而随着 β- 环糊精添加浓度的增加，花色苷的降解速率越小。80℃下加热 150min 后，β- 环糊精组和空白组 a* 值均变小，b* 值变大，L* 值也有轻微的减小。β- 环糊精能有效维持花色苷的红度，随着 β- 环糊精浓度的增加，花色苷溶液红度的下降及黄度的上升趋势均下降，在 3 个浓度中 1.5%β- 环糊精组的护色效果最佳。在花色苷溶液加热过程中可适量添加稳定剂，既可以起到增稠、改善口感的作用，又能增强花色苷的热稳定性。添加了稳定剂的花色苷溶液，既可以直接作为食品原料加工成饮料，又可以作为配料添加到其他食品中，还可以直接通过喷雾干燥生产色素粉末。

第七节　食品添加剂对玫瑰茄花色苷稳定性的影响

　　研究了几种常用食品配料及添加剂（葡萄糖、白砂糖、蜂蜜、麦芽糖、麦芽糊精、甜蜜素、食盐、抗坏血酸）对玫瑰茄花色苷稳定性的影响，以期为玫瑰茄花色苷的应用提供参考依据。

一、葡萄糖添加量对玫瑰茄花色苷稳定性的影响

　　含 10%~25% 浓度葡萄糖的玫瑰茄花色苷溶液吸光值大于未添加葡萄糖花色苷溶液的吸光值，且随着葡萄糖浓度的增加，吸光值增大越显著（$P < 0.05$），而5%浓度的葡萄糖溶液中玫瑰茄花色苷溶液的吸光值显著低于对照组中花色苷溶液吸光值（$P < 0.05$），即高浓度葡萄糖对玫瑰茄花色苷起到增色作用，且浓度越高，增色效果越明显；而低浓度葡萄糖对玫瑰茄花色苷具有降解作用。这是由于在高浓度糖存在情况下，水分活度降低，花色苷生成假碱式结构的速度减慢，花色苷的颜色得到了保护；在低浓度糖存在条件下，花色苷降解加速。当加热 5h 时，添加高浓度葡萄糖的玫瑰茄花色苷溶液吸光值仍然高于对照组，说明高浓度葡萄糖能够提高玫瑰茄花色苷的热稳定性。因此，在加工过程中可以通过添加高浓度葡萄糖来提高玫瑰茄花色苷的热稳定性，且葡萄糖的添加浓度应以大于 10% 为宜。

二、白砂糖添加量对玫瑰茄花色苷稳定性的影响

　　添加白砂糖的玫瑰茄花色苷溶液的吸光值均大于玫瑰茄花色苷溶液的吸光值，且随着白砂糖浓度的增加，玫瑰茄花色苷溶液吸光值增加越明显（$P < 0.05$），即白砂糖对玫瑰茄花色苷起到增色作用。研究表明，蔗糖是玫瑰茄花色苷很好的保护剂，尤其在高浓度时，归因于蔗糖溶液束缚了水分子的移动。

三、麦芽糖添加量对玫瑰茄花色苷稳定性的影响

　　玫瑰茄花色苷在不同浓度的麦芽糖溶液中的吸光值均高于对照组，表明麦芽

糖对玫瑰茄花色苷具有较强的增色效应，且随着麦芽糖浓度的增高，增色作用越明显（$P < 0.05$）。这是由于麦芽糖本身含有色素，并且具有一定的黏性，增加了花色苷溶液的黏度，从而增强了花色苷的受热稳定性；另外添加麦芽糖同样降低了水分活度，减缓了花色苷的降解速度。由于麦芽糖具有一定的黏性，当进一步提高麦芽糖浓度时，浓度越高越不容易在水中完全溶解，加入花色苷后，溶液不完全澄清，且随着加热时间的延长，高浓度的麦芽糖溶液中出现絮状物，会吸附住一些花色苷，可能导致玫瑰茄花色苷稳定性下降。因此，在加工过程中可以通过添加适当浓度的麦芽糖来提高玫瑰茄花色苷的稳定性。

四、蜂蜜添加量对玫瑰茄花色苷稳定性的影响

在不同浓度的蜂蜜溶液中，花色苷溶液的吸光值均高于对照组，且随着加热时间延长，吸光值呈现逐渐上升的趋势。4 种添加量的蜂蜜对玫瑰茄花色苷均具有增色作用。此外，10%~30% 的蜂蜜溶液中，花色苷溶液的吸光值随着蜂蜜浓度的增加而增大，而 40% 的蜂蜜溶液中花色苷溶液的吸光值却低于 30% 蜂蜜溶液中的花色苷的吸光值，说明蜂蜜对玫瑰茄花色苷具有保护作用，并能提高玫瑰茄花色苷的稳定性，但当其达到一定浓度时这种辅色作用会呈现出减弱的趋势。因此，在加工过程中可以通过添加一定浓度的蜂蜜来提高玫瑰茄花色苷的稳定性，并以30% 的蜂蜜浓度为好。

五、麦芽糊精添加量对玫瑰茄花色苷稳定性的影响

在所研究的浓度范围（0~3%）内，麦芽糊精对玫瑰茄花色苷的影响呈现一定的规律性。其中，0.5%、1%、2% 浓度的麦芽糊精对玫瑰茄花色苷具有保护作用，这是由于麦芽糊精作为一种包埋剂，与花色苷形成非共价复合物提高了花色苷的稳定性。但是随着麦芽糊精浓度的增加，对玫瑰茄花色苷的保护作用减弱。当麦芽糊精浓度达到 3% 时，玫瑰茄花色苷溶液的吸光值低于对照组的吸光值。这可能是由于当麦芽糊精浓度过高时，对花色苷起到过度包埋作用，导致溶液吸光度降低。由此可见，麦芽糊精对玫瑰茄花色苷稳定性的影响与麦芽糊精的浓度有关，即低浓度麦芽糊精对玫瑰茄花色苷具有保护作用，而高浓度的麦芽糊精降低了玫瑰茄花色苷的色泽。因此，在玫瑰茄花色苷制品的加工过程中麦芽糊精的添加量以低于 0.5% 为好。

六、β-环糊精对花色苷热降解稳定性的影响

β-环糊精分子中间形成相对疏水的空腔，空腔尺寸各异，能选择性地结合客体分子，有机化合物能够部分或完全进入其空腔中而形成包埋络合物。研究表明，β-环糊精与玫瑰茄花色苷发生络合，有效地降低了花色苷的降解速率，二者结合物在加热过程中的抗氧化性相比于游离花色苷也更稳定。由于β-环糊精具有很好的延缓花色苷降解的潜力，故设计了3个不同的浓度梯度来进一步分析β-环糊精对花色苷热降解稳定性的影响。在3个试验温度下，花色苷的降解速率常数随着稳定剂添加量的增加而下降，半衰期随着稳定剂添加量的增加而增加。1.5%β-环糊精在80℃时具有最小的降解速率常数0.09，以及最大的半衰期7.82h。所有β-环糊精组和空白组中，Q10随着温度的升高而增大，表明温度高时，每升高10℃处理温度会导致花色苷降解速率比温度低条件下增加更大的比例。此外，添加1.5%β-环糊精组花色苷Ea最大，表明此条件下花色苷热稳定性最好，发生热降解需要能量最高。同样，空白组Ea最小，花色苷降解反应对温度变化敏感性比较弱，热稳定性最差。结果表明，β-环糊精能有效地提高花色苷的热稳定性，而且随着β-环糊精添加量从0.5%增加到1.5%，花色苷在热处理条件下呈现出越来越稳定的趋势。推测可能是因为β-环糊精添加量的增加提供了更多的空腔位置，有利于更多的花色苷分子与空腔的结合，进而增加了花色苷的热稳定性。因此，认为1.5%β-环糊精效果最佳。

七、甜蜜素添加量对玫瑰茄花色苷稳定性的影响

添加4种浓度的甜蜜素后，玫瑰茄花色苷溶液的吸光值均比对照组低，且甜蜜素浓度越高，吸光度越低（$P < 0.05$），溶液颜色也越浅，并且随着加热时间的延长，添加甜蜜素的玫瑰茄花色苷溶液吸光值下降速率更快，说明甜蜜素降低了玫瑰茄花色苷的稳定性。因此，在玫瑰茄产品的加工制作过程中最好用其他甜味剂代替甜蜜素。

八、食盐添加量对玫瑰茄花色苷稳定性的影响

含5%~20%食盐的玫瑰茄花色苷溶液的吸光值均大于对照组，且随着食盐浓度的增加，对玫瑰茄花色苷的增色效果越明显。但是在热处理过程中，随着加热

时间延长，食盐对玫瑰茄花色苷的保护作用逐渐减弱。其中，低浓度（5%~10%）的食盐溶液对玫瑰茄花色苷的热稳定性无显著影响（$P > 0.05$），高浓度食盐（15%~20%）能够显著提高玫瑰茄花色苷的热稳定性（$P < 0.05$）。因此，在玫瑰茄制品加工过程中可适量添加食盐，对玫瑰茄花色苷起辅色作用。

■ 九、抗坏血酸添加量对玫瑰茄花色苷稳定性的影响

含不同浓度抗坏血酸的玫瑰茄花色苷溶液吸光值均高于对照组，且抗坏血酸浓度越高，吸光度越大（$P < 0.05$），即抗坏血酸对玫瑰茄花色苷具有增色作用。这是由于抗坏血酸是抗氧化剂，具有还原性，能延缓玫瑰茄花色苷的氧化所致。此外，随着加热时间延长，不同抗坏血酸添加量的花色苷溶液的吸光值均逐渐下降，但对照组花色苷溶液吸光度下降幅度比较平缓，而含抗坏血酸的花色苷溶液在加热过程中吸光度下降速度较快。其中，含2%抗坏血酸的花色苷溶液在加热5h时，吸光值明显低于对照组，即此时抗坏血酸引起玫瑰茄花色苷的降解。这可能是由于花色苷溶液加入抗坏血酸后，在较长时间的加热过程中，抗坏血酸氧化生成过氧化氢，而过氧化氢亲核进攻花色苷的C2位，导致花色苷开环产生无色物质，加速花色苷的降解。因此，在试验过程中，添加抗坏血酸由于抑制了花色苷的氧化而使玫瑰茄花色苷得到了保护。综上所述，在加工过程中可以通过缩短加热时间和提高抗坏血酸的浓度来提高玫瑰茄花色苷在热处理过程中的稳定性。

■ 十、结论

低浓度葡萄糖对玫瑰茄花色苷具有破坏作用，而高浓度葡萄糖能减缓玫瑰茄花色苷的降解，起到增色作用，并能提高玫瑰茄花色苷的热稳定性。低浓度麦芽糖增加了溶液的黏度和稠度，对玫瑰茄花色苷具有较强的辅色效应，但是当浓度过高，其在水中不易完全溶解，加热后出现絮状物，并吸附花色苷，溶液不澄清，导致玫瑰茄花色苷稳定性下降。低浓度麦芽糊精通过与花色苷形成非共价复合物，提高了花色苷的热稳定性，对玫瑰茄花色苷具有保护作用，而高浓度的麦芽糊精由于过度的包埋降低了玫瑰茄花色苷的色泽。甜蜜素对玫瑰茄花色苷具有明显的破坏作用，不利于玫瑰茄花色苷的稳定。白砂糖、蜂蜜、食盐和抗坏血酸对玫瑰茄花色苷具有增色作用，并且能够增强花色苷的热稳定性，其中蜂蜜的添加量以30%为好。

第八章
玫瑰茄提取物及其功能研究

第一节 玫瑰茄根的抗氧化和抗肿瘤活性

玫瑰茄，在东南亚国家（孟加拉国等）传统医学体系中的使用历史悠久，其果实和叶子就被用来治疗脓肿、癌症、咳嗽、虚弱、发烧和心脏病。研究表明，玫瑰茄不同部位的提取物具有降胆固醇、抗伤害和解热活性，其中玫瑰茄根可能具有抗癌作用，但是玫瑰茄植株根的抗氧化和抗癌活性尚未见报道。因此，研究玫瑰茄根甲醇提取物（MEHSR）对艾氏腹水癌细胞（EAC）的潜在作用和抗氧化性能，在抗肿瘤药物筛选方面具有重要价值。

一、MEHSR 成分与含量

气相色谱—质谱鉴定出 MEHSR 含有花生四烯酸（49.18%）、油酸（36.36%）和十八烷酸（14.47%）三种成分，占提取物的 100%。没食子酸干提取物和儿茶素干提取物中，总酚和黄酮含量分别为 143.36 ± 4.13mg/g、82.81 ± 3.96mg/g。

二、MEHSR 抗氧化活性

MEHSR 对 DPPH、ABTS 的清除活性随浓度增加而增强。MEHSR 对 DPPH、ABTS、一氧化氮和脂质过氧化活性的 ic50 值分别为 13.37 ± 1.06、18.88 ± 1.72、72.82 ± 2.26 和 75.78 ± 2.94μg/mL，与儿茶素的标准品相当。

三、MEHSR 对 EAC 细胞的体外抑制作用

在体外细胞毒性试验中，MEHSR 以剂量依赖的方式降低了 EAC 细胞的活力。当 MEHSR 浓度低至 15.625μg/mL 时，可以观察到活细胞的减少，细胞活力的丧失随着 MEHSR 浓度的增加而增加。MEHSR 对 EAC 细胞的 ic50 值为 156.20μg/mL。

四、MEHSR 在体内对 EAC 细胞增殖的影响

老鼠 MEHSR 治疗剂量分别为每千克体重 5mg 和 10mg，EAC 的平均数量为（2.01 ± 0.06）$\times 10^7$ 和（1.37 ± 0.14）$\times 10^7$ 细胞 /mL，对照组（3.64 ± 0.33）$\times 10^7$ 细胞 /mL，小鼠 EAC 细胞存活率显著降低（$P < 0.05$）；对 EAC 细胞生长的抑制率分别为 44.42% 和 62.24%。

五、MEHSR 对 EAC 小鼠存活时间和增重的影响

未经处理的 EAC 老鼠的平均生存时间是 20.25 ± 1.70 天，而接受 MEHSR（每千克体重 5 mg 和 10mg）和博来霉素（每千克体重 0.03mg）的小鼠平均存活时间是 23.75 ± 1.25 天、28.00 ± 0.81 天、39.25 ± 0.79 天。MEHSR 处理 EAC 细胞小鼠的寿命显著增加（每千克体重 5 mg 和 10mg 分别为 17.37% 和 38.97%）。

第二节 玫瑰茄水/醇提物的抑菌活性研究

以玫瑰茄干花萼水、醇提物为实验材料，系统研究玫瑰茄对大肠杆菌和金黄色葡萄球菌的抑菌作用机制，旨在为将玫瑰茄开发成天然的保健产品和食品添加剂提供理论依据。

一、玫瑰茄醇提物的抑菌活性及其最低抑菌浓度的测定

玫瑰茄水提取物和醇提物对大肠杆菌和金黄色葡萄球菌均具有较强的抑制作用，其中玫瑰茄醇提物对大肠杆菌和金黄色葡萄球菌的抑菌圈直径分别为 17mm 和 20mm，玫瑰茄水提物对大肠杆菌和金黄色葡萄球菌的抑菌圈直径分别为 17mm 和 15mm。TTC 染色结果显示，随着玫瑰茄醇提物浓度的增加，其对大肠杆菌和金黄色葡萄球菌抑制作用逐渐增强，其中玫瑰茄醇提物对大肠杆菌和金黄色葡萄球菌的最低抑菌浓度分别为 1.75mg/mL 和 2mg/mL；玫瑰茄水提物对大肠杆菌和金黄色葡萄球菌的 MI 均为 5mg/mL。环丙沙星对大肠杆菌和金黄色葡萄球菌的最低抑菌浓度分别为 3μg/mL 和 4μg/mL。由于醇提物对大肠杆菌和金黄色葡萄球菌的抑菌效果好于水提物，此后选用玫瑰茄的醇提取物进行后续的机制研究。

二、玫瑰茄醇提物对大肠杆菌和金黄色葡萄球菌细胞膜的影响

细胞膜的电导率的改变可以反映药物对细胞膜渗透性的影响。结果显示，玫瑰茄醇提物能影响大肠杆菌和金黄色葡萄球菌的电导率，当药物作用菌体 8h 时，与对照组相比，大肠杆菌和金黄色葡萄球菌的电导率分别增加了 3.92% 和 2.61%。表明玫瑰茄醇提物可改变大肠杆菌和金黄色葡萄球菌细胞膜的通透性，使细胞内的某些无机离子发生外漏。但上清液中大分子 DNA 和 RNA 的含量与对照组相比基本没有变化。表明玫瑰茄醇提物对细胞膜的影响程度轻微，其抑菌作用的靶点不在细胞膜。

三、玫瑰茄醇提物抑制大肠杆菌和金黄色葡萄球菌蛋白质的表达

当玫瑰茄醇提物分别作用大肠杆菌和金黄色葡萄球菌 16h 时，其菌体蛋白质总量与对照组相比分别减少了 31% 和 23%。说明玫瑰茄提取物能够明显抑制大肠杆菌和金黄色葡萄球菌的蛋白质表达。

四、玫瑰茄醇提物抑制大肠杆菌和金黄色葡萄球菌核酸的合成

DAPI 荧光染色结果显示，经玫瑰茄醇提物作用不同时间后，大肠杆菌和金黄色葡萄球菌的 DNA 和 RNA 含量明显降低，与空白对照组相比具有显著性差异。说明玫瑰茄提取物能明显抑制大肠杆菌和金黄色葡萄球菌核酸的合成。

五、玫瑰茄醇提物与 DNA 的作用方式

琼脂糖凝胶电泳结果显示，随着玫瑰茄醇提物浓度的增加，超螺旋 DNA（Form II）逐渐减少，缺口或线性 DNA（Form I）逐渐增多，表明玫瑰茄醇提物可与 DNA 发生结合，引起超螺旋 DNA 的松弛和开环。紫外吸收光谱结果显示，玫瑰茄醇提物与 DNA 开始作用后，随着 DNA 浓度的增加（0~0.7μg/mL），出现了减色效应和红移现象。但随着 DNA 浓度逐步增加（≥ 0.8μg/mL），玫瑰茄的紫外吸收开始增色，并且增色后的紫外吸收远大于其原始的紫外吸收。说明在 DNA 浓度较低时，玫瑰茄与 DNA 以嵌入结合为主，当 DNA 浓度较高时，两者间发生了氢键作用。

六、结论

玫瑰茄醇提物对大肠杆菌和金黄色葡萄球菌细胞均具有显著的抑制作用，但对大肠杆菌和金黄色葡萄球菌的细胞膜仅造成微小损伤，并未破坏细胞膜的完整性，表明其抑菌作用的靶点不在细胞膜上。玫瑰茄醇提物能显著抑制大肠杆菌和金黄色葡萄球菌可溶性蛋白质的合成。经玫瑰茄作用不同时间后，大肠杆菌和金黄色葡萄球菌的 DNA 和 RNA 含量明显降低，与对照组相比具有显著性差异。琼脂糖凝胶电泳结果和紫外吸收光谱结果表明，玫瑰茄的有效成分与 DNA 发生了嵌

入结合和氢键结合。

玫瑰茄具有多种药理活性，其抑菌机制主要是通过与 DNA 发生嵌入结合和氢键结合，使 DNA 不能进行正常的复制和转录，降低核酸的含量，进而影响蛋白质的合成，最终导致菌体生物学功能的丧失。

第三节 玫瑰茄水提物对银鲫肝细胞损伤生化指标的影响

在建立叔丁基氢过氧化物（t-BHP）诱导异育银鲫原代培养肝（细胞）损伤模型后，采用不同的给药顺序，再检测肝细胞培养上清液中一些生化指标，研究玫瑰茄水提取物对急性肝细胞损伤的保护作用，为进一步筛选出对鱼类有保肝作用的中草药，开发鱼类免疫调节和保肝中草药配方提供科学依据。

一、水提物对损伤肝细胞培养上清液中 GPT（谷丙转氨酶）的影响

将低、中、高浓度的玫瑰茄水提物和 t-BHP 以不同的顺序作用于体外培养的原代肝细胞，观察培养上清液中 GPT 的变化。t-BHP 损伤肝细胞后，促进了肝细胞内 GPT 酶的释放，模型损伤组织培养上清液中的 GPT 水平较空白对照组明显升高（$P < 0.01$），表明了模型建立成功；与模型组比较，预防组内浓度为 0.2mg/mL 和 0.4mg/mL 及不同剂量的玫瑰茄水提物均能抑制 GPT 水平的升高（$P < 0.01$ 或 $P < 0.05$），而治疗组不同浓度的中草药均没有明显作用。

二、水提物对损伤肝细胞培养上清液中 MDA、SOD 及 GSH-PX 的影响

低、中、高浓度的玫瑰茄水提物和 t-BHP 以不同的顺序作用于体外培养的原代肝细胞，观察培养上清液中 MDA、SOD 及 GSH-PX 的变化。t-BHP 损伤肝细胞后，较空白组培养上清液中的 MDA 明显升高，SOD 和 GSH-PX 则极显著降低（$P < 0.01$），表明了模型建立成功；与模型组比较，预防组内不同浓度的提取物均能显著提高 GSH-PX 活性（$P < 0.05$），浓度为 0.2mg/mL 和 0.4mg/mL 时可以显著提高 SOD 活性（$P < 0.05$）；治疗组内各个浓度的提取物对提高上清液中 GSH-PX 和 SOD 水平、降低 MDA 含量均没有明显作用；与模型组比较，预防治疗组内各浓度的玫瑰茄水提物均能显著降低 SOD 和 SH-PX 水平（$P < 0.01$ 或 $P < 0.05$），0.2mg/mL 的提取物显著提高上清液中的 MDA 含量（$P < 0.05$）。

■ 三、结论

预防治疗组中水提物对损伤肝细胞的保护效果明显要优于预防组和治疗组，这与玫瑰茄水提物作用的时间长短有关。而预防组的保护效果较治疗组更加明显，可能表明玫瑰茄水提物对肝损伤的预防作用比治疗作用更重要。

第四节 玫瑰茄水提物改善大鼠缺铁性贫血的效果评价

缺铁性贫血（Iron-Deficiency Anemia，IDA）已成为世界各国一个重要而普遍的健康问题，因此 IDA 的预防和治疗一直备受国内外科研工作者的关注。玫瑰茄具有抗肿瘤、抗氧化、抗糖尿病、降血脂、保肝护肝及抗贫血等功能，但改善缺铁性贫血的研究较少。将玫瑰茄与水的比例为 1 : 15，浸泡 0.5h，煎煮 1h，分别制成浓度为高（1g/mL）、中（0.5g/mL）、低（0.25g/mL）浓度的玫瑰茄水提物，评价玫瑰茄水提物改善大鼠 IDA 的效果，验证玫瑰茄抗贫血活性作用，以期为临床应用提供理论依据。

一、玫瑰茄水提物对 IDA 大鼠体质量的影响

恢复试验期间各剂量组大鼠体质量的变化，反映出各组大鼠体质量变化趋势基本一致。试验初始，各组大鼠的体质量差异无统计学意义（$P > 0.05$），表明试验动物分组较为合理；试验结束，各试验组大鼠体质量差异无显著性差异，但高剂量组较其他各试验组而言，大鼠体质量有所偏低。

二、玫瑰茄水提物对 IDA 大鼠采食量的影响

各组大鼠采食量变化趋势基本一致。第 1 周各组大鼠的采食量差异不具有统计学意义；第 2 周 Normal 组与 Model 组差异具有统计学意义，Model 组与各剂量组无显著性差异；第 3 周低剂量组、高处理组与 Model 组差异具有统计学意义（$P < 0.05$），采食量下降；第 4 周中剂量组与 Model 组比较，具有显著性差异。结合采食量数据可说明高处理组对大鼠体质量有消极作用，推测是玫瑰茄水提物的低 pH 值影响了大鼠的食欲。许多研究也表明，低 pH 值食物可影响大鼠的采食量或脂肪及葡萄糖的代谢，从而使体质量增长减缓。

三、玫瑰茄水提物对 IDA 大鼠红细胞计数和红细胞压积值的影响

经过 30 天的给药治疗后，与 Model 组比较，玫瑰茄水提物各剂量组红细胞数和红细胞压积差异均具有显著性差异。$FeSO_4$ 组和玫瑰茄水提物各剂量组的红细胞计数和红细胞压积值水平均显著高于 Model 组，提示玫瑰茄水提物对红细胞计数和红细胞压积值含量的升高具有积极作用。此外，和 Normal 组比较，Model 组大鼠在恢复试验期间的红细胞计数和红细胞压积值水平均显著降低，但均处于正常值范围。

四、玫瑰茄水提物对 IDA 大鼠血红蛋白和红细胞游离原卟啉含量的影响

恢复试验初期，各试验组大鼠血红蛋白含量差异无统计学意义，Model 组与Normal 组差异具有统计学意义；试验结束后，玫瑰茄水提物不同剂量组大鼠血红蛋白含量显著高于 Model 组，表明玫瑰茄水提物可提高血红蛋白的含量。玫瑰茄水提物各剂量组的红细胞游离原卟啉水平显著低于 Model 组，原因是在恢复试验期间，玫瑰茄水提物能提供足够的铁元素，与红细胞内游离的原卟啉结合，降低IDA 大鼠体内的红细胞游离原卟啉含量；而 Model 组由于营养缺乏，进而影响血红素生成不足，导致体内的红细胞游离原卟啉含量升高。与此同时，恢复试验期间，Model 组大鼠血红蛋白与红细胞游离原卟啉的水平均与 Normal 组大鼠的含量保持显著性差异，血红蛋白含量降低，红细胞游离原卟啉含量上升。这表明试验过程中，低铁对照组的数据结果较为理想。

五、恢复试验期间各组大鼠血清学指标检测结果

除低处理组外，Model 组的血清铁含量显著低于玫瑰茄水提物其他各组，差异具有统计学意义（$P < 0.05$）。这是由于玫瑰茄水提物含有丰富的铁元素、低pH 值和高浓度的抗坏血酸，可增强其矿物质的生物利用度。血清铁蛋白是体内重要的铁储存蛋白，其含量水平可以反映铁储存情况以及机体营养状况，对缺铁性贫血的诊断和治疗效果的判断有重要的意义。各试验组血清铁蛋白的检测结果表明，玫瑰茄水提物各剂量组与 Model 组比较，差异不具有显著性。由于血清铁蛋

白同时也是急性炎症反应的指标，其浓度变化会受到体内炎症的影响而升高，因此推测 Model 组的大鼠由于营养不足，体内存有少许炎症而导致其血清铁蛋白水平上升。血清转铁蛋白受体是通过细胞表面受体的蛋白水解作用衍生而来的，铁缺乏时会引起其合成增加，也是近几年评价铁代谢的重要指标。血清转铁蛋白受体结果显示各剂量组的含量水平均显著低于 Model 组，说明机体吸收了玫瑰茄水提物中足量的铁离子，从而降低了 IDA 大鼠体内的血清转铁蛋白受体水平。

■ 六、结论

综上所述，玫瑰茄水提物各剂量组均能提高 IDA 大鼠红细胞计数、红细胞压积及血红蛋白的含量水平，显著降低红细胞游离原卟啉的含量。同时，玫瑰茄水提物对提高血清铁、血清铁蛋白的含量和降低血清转铁蛋白受体的水平具有积极作用，表明了玫瑰茄水提物可较好地改善大鼠缺铁性贫血状况，说明玫瑰茄水提物对 IDA 有良好的治疗效果。玫瑰茄作为一种药食同源植物，具有多种药理作用，试验证实了玫瑰茄水提物具有抗贫血活性，因此玫瑰茄有望开发成功能性保健食品。

第九章
玫瑰茄籽营养成分与
加工利用

第一节 玫瑰茄籽的开发利用

玫瑰茄种子是花萼加工的副产物，种子作为废料暂时没有得到有效的利用。20世纪七八十年代，印度为解决食用油短缺的困境和开发利用新植物油源，曾对玫瑰茄籽等作物种子做了大量研究，安得拉普得希大学食品与营养系 Sarojini 等认为，玫瑰茄种子油的理化特征与大多数常用食用油相似，是一种良好的油源。

研究发现，玫瑰茄籽中的酚类物质含量与籽提取物的 DPPH 自由基清除能力呈正比关系，用玫瑰茄种子处理过的熟牛肉饼减弱了脂质氧化过程，这揭示了玫瑰茄种子的成分具有作为食品抗氧化剂的潜力。Hainida 等对玫瑰茄籽的营养价值做了最新研究，他们分析了马来西亚玫瑰茄籽在冻干、晒干、水煮后晒干的不同处理条件下的成分，其中自然晒干种子的分析结果见表 9-1。参考该表可见，玫瑰茄籽富含蛋白质、脂肪、食用纤维及必需氨基酸，成熟玫瑰茄种子含油量范围 18%~22%，脂肪酸主要是棕榈酸、油酸、亚麻酸，其中油酸与亚油酸的和为72%~83%。综上，玫瑰茄种子在功能营养食品开发方向具有良好的前景。

表 9-1 玫瑰茄籽的主要成分

一般成分（%）	矿物质含量（mg/100g）	氨基酸含量（g/100g）
蛋白质 33.5	钾 109	赖氨酸 13.8
脂质 22.1	镁 28	缬氨酸 9.9
碳水化合物 13.0	钙 24	亮氨酸 15.4
膳食纤维 18.3	锌 2.1	苯丙氨酸 11.1
灰分 7.5	铁 1.2	苏氨酸 8.5

第二节 油脂的提取分离技术

植物种子中油脂化合物的提取方法众多，其中包括机械压榨法、溶剂浸出法、以水代油法、熬制法、水酶制油法、酶辅助提取、超声波辅助提取、超临界二氧化碳萃取法等。

一、机械压榨法

该法通过各种机械将流动性较大的油从料坯中压榨出来。机械压榨法的发展经历了木榨、水压机榨和螺旋榨油机榨三个阶段。压榨法的优点是投资少、操作简便，而且过程中没有化学溶剂的污染、保证了产品的安全，该法的缺点是出油率低、油中的生物活性物质含量也比萃取法低；同时由于加工中水分、温度变化的影响，也会产生某些生物化学方面的变化，如蛋白质变性、酶的破坏和受到抑制、油脂氧化等。例如，油脂加工后的饼粕中的蛋白质变性，使油饼的加工利用范围受到了限制，从而难于发挥蛋白质在食品加工中的功能。目前，机械压榨法主要用于花生油、橄榄油、坚果油和芝麻油等油的生产。

二、溶剂浸出法

溶剂浸出法也是目前工业生产中使用最多的方法之一。该法是应用固—液萃取的原理，使用有机溶剂对油料进行喷淋和浸泡，使其中的油脂被萃取出来的一种提取方法。其基本过程为：将油料料坯、预榨饼或颗粒浸入选定的溶剂中，使油脂溶解在溶剂中形成混合液，然后将混合油与浸出后的固体粕分离。利用溶剂与油脂沸点的不同对混合油进行蒸发、汽提，使溶剂汽化与油脂分离，从而获得浸出毛油。浸出后的固体粕含有一定量的溶剂，经脱溶烘干处理后得到成品粕。从湿粕蒸脱、混合油蒸发过程产生出的溶剂蒸汽经冷凝冷却后予以回收，可以投入再循环使用。浸出法出油率高，生产成本低，大部分价格相对较低的油脂产品就是采用该工艺生产。但由于浸出工艺中的溶剂需要回收利用，经溶剂回收后的油脂产品不可避免地会存在溶剂残留，油质较差，所以该工艺也受到很多质疑。

浸出法中溶剂的选择非常关键，溶剂应使油脂在其中的溶解度很大，同时易汽化、易与油脂分离、易回收，安全稳定性好，价格低廉等。当然完全满足以上要求是困难的，目前工业上主要使用相对分子质量较低的烷烃（工业己烷）。

三、以水代油法

该法是从长期实践中总结创造的一种特殊的油脂提取法。因油料细胞中的蛋白质的亲水性强，而油脂的疏水性强、不溶于水，在加热条件下加进大量水搅拌震荡，可使水进入油料而将油顶替出来。水代法制油工艺有很多优点：该法制取的油脂品质好，保证香味；此法工艺设备简单，不耗用大量钢材，能源消耗少；生产规模也机动灵活，便于散户生产。但该法劳动强度大，生产效率低，另外水代法制取油脂后剩余的粕末含有大量水分，因而易变质污染环境。目前，该法主要用于小磨香油的生产，尤其是芝麻产区的农民，近年来多用水代法分散生产。

四、熬制法

熬制法分为湿法熬制、干法熬制。湿法指切碎的油料与水混合后进行加热，脂肪组织因受热而破裂，油脂上浮分出；干法熬制则在锅中仅放油料进行加热而分离脂肪。提取动物油脂时常用熬制法。

五、水酶制油法

水酶法是新近发展起来的一种从油料种子中提取油脂同时又不易造成蛋白质损失的新型环保提油工艺。其原理为：首先使用机械力根据物料的种类将植物种子破碎到一定程度，然后依次加水和生物酶，并在特定物料含水量、特定酶添加量、特定温度等条件下酶解一定时间，使油脂从固体油料中缓慢释放出来，利用非油成分对油和水亲和力的差异及油水比重不同的特点将油与非油成分分离。

水酶法提油工艺条件温和，且其降解物一般不与提取物发生反应，可以很好地保护油脂中营养物质，尤其是蛋白质及胶质等可利用成分。水酶法提取的油脂纯度高，在生产工艺过程中产生的废水与传统溶剂浸出法比较含有少量的有毒物质，并且其化学需氧量值与生化耗氧量值分别比传统工艺低 35%~45% 和 75%，还具有污染少、废弃物容易处理、能源消耗低等优点，符合"安全、绿色、高效"

的标准。

六、超临界二氧化碳萃取法

在一般温度与压力条件下，纯物质会呈现固、液、气等状态。提高温度和压力值，当温度与压力值到达中点时，气液界面会消失，物质性质呈现出均一的状态，气液已经不分，此中点即为临界点，温度与压力高于临界温度 Tc 和临界压力 Pc 的区域，即称为超临界状态。

超临界 CO_2 最具特色的性质就是其溶解能力可以随压力和温度的改变而改变，可以有效地改善分离效率，并可省去后续的减压蒸馏和脱臭等精制工序，同时又保证油脂产品的安全性与绿色性。对于高附加值功能油脂产品的生产，超临界 CO_2 萃取技术越来越受到青睐。

由于超临界流体的溶解度随温度、压力的微变而极大地改变，所以可人为改变体系的物理参数，灵活地调节组分的溶解特性，从而达到对组分选择性分离目的。超临界萃取就是基于该过程而建立的分离技术。

第三节 超声波辅助提取玫瑰茄籽油工艺

■ 一、玫瑰茄前处理

玫瑰茄籽去杂质，干燥，粉碎后过60目筛，制成玫瑰茄籽粉。称取5.0g样品至100mL圆底烧瓶中，加入溶剂，采用超声波辅助提取，提取后进行过滤，滤液使用旋转蒸发器进行加热真空抽提并回收溶剂，油脂转移到已经烘干至恒重的表面皿中，90℃烘干至恒重，计算得率。分别探讨料液比、超声功率、提取时间、提取温度对玫瑰茄籽油提取效果的影响。采用正交试验L9（3^4），以玫瑰茄籽油提取率为评价指标，优化超声波辅助提取玫瑰茄籽油的工艺条件。

■ 二、玫瑰茄籽油脂得率影响因素

1. 超声波功率对玫瑰茄籽油得率的影响

在以石油醚为提取溶剂、料液比为1：10、提取温度为40℃、提取时间为40min的条件下，分别以90、105、120、135、150W的超声波功率提取玫瑰茄籽中的油脂。结果表明：油脂的提取得率随超声波功率的升高而升高，这是因为超声波功率越大，空化作用和机械作用越强烈，分子扩散速度也就越大，油脂渗出就越快。在超声波功率135W时，提取得率达到最大，但随着超声功率不断增加，玫瑰茄籽油得率增幅也逐渐减小，达到平衡。当超声波功率超过135W时，油脂得率反而降低，其原因可能是功率过高使得溶剂挥发过快而起不到充分提取的作用。

2. 提取温度对玫瑰茄籽油得率的影响

在以石油醚为提取溶剂、料液比为1：10、提取时间为40min、提取功率为120W的条件下，分别以20、30、40、50、60℃的温度提取玫瑰茄籽中的油脂。结果表明：提取率随温度增加而快速增加，浸提温度对玫瑰茄籽的得油率影响很

118

大。当浸提温度超过50℃时，出油率下降，这与石油醚沸点量程有关。在60℃时，会造成石油醚挥发加大，导致溶剂减少，油脂提取得率下降。当温度为40℃的时候为最佳。

3.提取时间对玫瑰茄籽油得率的影响

在以石油醚为提取溶剂、料液比为1∶10、提取温度为40℃、超声波功率为120W的条件下，分别以20、30、40、50、60min的时间提取玫瑰茄籽中的油脂。结果表明：浸提时间对玫瑰茄籽油提取得率的影响较大，随浸提时间的增加而增大。原因是随着时间的延长，玫瑰茄籽中油脂溶解越充分，浸出的油脂越多，得油率越高。

4.料液比对玫瑰茄籽油得率的影响

在以石油醚为提取溶剂、提取温度为40℃、超声波功率为120W、提取时间为40min的条件下，分别以1∶6、1∶7、1∶8、1∶9、1∶10的料液比提取玫瑰茄籽中的油脂。结果表明：脂提取得率随料液比的增大而增高，料液比越大得率越高。因为溶剂用量越大，体系渗透压差越大，油脂越易渗透出来。

三、玫瑰茄籽油超声波提取正交试验

4个因素对玫瑰茄籽油提取得率的影响程度依次为：料液比＞功率＞温度＞时间；最佳提取条件为：超声波功率120W、温度50℃、时间40min、料液比1∶10。以最佳组合为条件进行提取时油脂得率为11.77%。

第四节 超临界流体萃取法提取玫瑰茄籽油工艺

一、超临界 CO_2 萃取工艺流程

打开总电源—打开冷循环及水循环系统、萃取釜加热器和分离釜加热器—设定萃取过程中的萃取釜及分离釜的温度参数—准确称取一定量处理好的原料样品装入萃取釜中—当制冷、萃取釜、分离釜Ⅰ、分离釜Ⅱ各温度参数达到设定值后，打开 CO_2 贮气罐—依次缓慢开启阀门 11、12、13、14、15—当萃取釜、分离釜的压力与 CO_2 钢瓶出口压力平衡时，慢慢开启阀门 16 将萃取釜中空气排空—完全关闭阀门 13、14—开启高压柱塞泵—当萃取釜的压力达到需要值时打开阀门 13—当分离釜Ⅰ的压力达到设定值时开启阀 14—调节高压泵工作频率控制 CO_2 的流量，调节阀门 13 控制萃取釜压力，调节阀门 14 控制分离釜Ⅰ的压力—到达萃取时间后开启阀门 17 接收萃取物—萃取结束后，关闭高压柱塞泵—缓慢地打开阀门 13、阀门 14 和阀门 15，平衡系统的压力—放出净化器中的杂质—当萃取釜、分离釜的压力与 CO_2 钢瓶出口压力平衡时，关闭阀门 12 和 13—打开阀门 16，放出萃取釜中的气体—取出萃取釜中的残渣并清理干净，可装入称量好的新样品，进入下一次循环。整个试验结束后，关闭高压柱塞泵、制冷系统、水循环、萃取釜、分离釜Ⅰ、分离釜Ⅱ的加热器—关闭 CO_2 贮气钢瓶—关闭总电源（见图 9-1）。

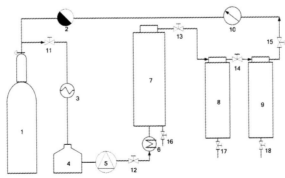

图 9-1 超临界 CO_2 萃取工艺流程示意图

1.CO_2 气瓶 2. 单向阀 3. 冷凝器 4. 冷箱 5. CO_2 泵 6. 加热器 7. 萃取釜 8. 分离釜Ⅰ 9. 分离釜Ⅱ 10. 流量计 11—18. 控制阀

■ 二、超临界 CO_2 萃取

玫瑰茄籽原料自然晒干或低温烘干至含水量小于 4%，用粉碎机破碎。原料进行预处理。根据单因素实验的结果，选取萃取温度、萃取压力和萃取时间 3 个对萃取得率影响较大的因素为自变量，以萃取得率为响应指标，超临界 CO_2 萃取玫瑰茄籽油响应面实验的基本参数为：投料量 150g，物料粒度 30 目以上，CO_2 流量 12L/h，分离釜 I 压力 6MPa、温度 35℃，分离釜 II 压力不设、温度 50℃。

■ 三、预处理条件和萃取工艺条件对萃取得率影响

物料粒度由 10~30 目升高到 30~60 目，萃取得率由 12.21% 提高至 21.95%，提高了 79.77%；物料粒度从 30~60 目升到 60 目以上时，玫瑰茄籽油得率从 21.95% 升高到了 24.7%，仅提高了 12.5%，物料颗粒大小对萃取得率的影响已不明显；装料量为 50g 时，玫瑰茄籽油的萃取得率为 22.32%；装料量增多，萃取得率略有降低；装料量为 150g 时，萃取得率为 22.19%，这比装料量为 50g 时的萃取得率仅降低了 0.58%，装料量对玫瑰茄籽油的得率并无显著影响；萃取压力对玫瑰茄籽油籽的出油率有显著影响，随着压强升高玫瑰茄籽的出油率可快速增加，但压力过高萃取得率降低，压力最佳取值为 25MPa 左右；萃取温度对出油率也有双重作用，但总体影响不如压力明显，最佳操作温度为 50~60℃；CO_2 流量萃取玫瑰茄籽出油率的影响不太显著，综合考虑各方面，确定最佳 CO_2 流量为 12L/h；萃取时间对出油率的影响趋势相对简单，40min 前得率明显增加，而后产率增加缓慢，直至出油已不明显，最佳萃取时间确定为 100min；分离压力对玫瑰茄籽油的分离影响明显，随着分离釜 I 压力的升高，籽油析出率有明显下降趋势；随着分离釜 I 温度的升高，玫瑰茄籽油析出量有少量增加，但影响不是很明显，综合节能等因素，确定最佳条件为分离釜 I 压力 6MPa、温度 35℃、分离釜 II 温度 50℃。

通过响应面实验研究了重要参数间的交互作用对萃取得率的影响，并对超临界 CO_2 萃取玫瑰茄籽油工艺进行了优化，结果表明：研究变量对产率影响的显著性为压力 > 时间 > 温度；不同参数间的交互作用对产率影响的显著性为温度与压力 > 压力与时间 > 温度与时间，温度与压力具有明显的交互作用；拟合所得二次回归模型的相关系数为 0.9932，准确度好；得出的最佳工艺条件为萃取温度 50℃、萃取压力 28MPa、萃取时间 110min、萃取得率理论为 22.19%，采用该条件进行实验验证，与实际值吻合较好，说明利用超临界 CO_2 萃取玫瑰茄籽油是可行的。

第五节　玫瑰茄籽油工业化生产技术

一、玫瑰茄籽油的初制

采用常规与预榨浸出优化工艺，工艺路线：玫瑰茄籽—筛选—去沙石—轧坯—烘干—浸出—初油。以远红外平板烘干机对料坯进行烘干改性，使用间接蒸气压力 0.4MPa，停留时间 30min，然后直接浸出。经过大量生产试验，证明较好地解决了玫瑰茄籽出油率低、毛油质量不佳、粕蛋白变性等问题，粕中残油 < 1.5%。

二、玫瑰茄籽油精炼工艺

1. 水化脱胶

当油温预热到 75~85℃时，开始加水，水温 85~90℃，加水量为油重的 3%~3.5%，加水时间 20~30min，搅拌转速 60rpm，加水完毕后改为 30rpm，再搅拌 5~10min，然后静置沉淀 6~8h，放掉油脚。

2. 低温碱炼

加碱时，初油初温为 30~35℃，搅拌转速 60rpm，碱液在 20min 左右加完，待油中出现皂粒并聚结成絮状时，开启间接蒸汽使油升温，速率为 1℃/min，升温过程搅拌速度降至 30rpm。终温保持 65℃ ±2℃，停止加热后，继续搅拌 10min，静置沉淀 8~12h，放掉皂脚。水洗 2~3 次，真空干燥后送脱色锅脱色。

3. 脱色

油温 80~90℃，真空度 − 0.09MPa，活性白土为油重的 5%，在脱色锅内反应 20min，进行压滤。将脱色油吸入脱臭锅，待油温升至 120℃时，开启直接蒸汽，压力为 0.3~0.4MPa，当油温达到 230℃时，开始计时，保持 1.0~1.5h，终温 235℃，真空度 ≥ − 0.1Mpa，整个脱臭过程约 5h。脱臭完毕，真空冷却，待油温 ≤ 70℃后，破真空过滤，即得成品油。

三、玫瑰茄籽油脱胶碱炼工艺

油预热到 70~80℃，加入油重 0.1%~0.3% 的 50% 草酸，搅拌均匀后，根据酸价加入足够的烧碱进行中和静置 8~12h，分离皂脚、胶脚后，将油升温至 80~85℃，用 90~95℃ 的热水进行水洗，静置分离，水洗油经真空干燥后，加入 0.05%~0.1% 的 20% 柠檬酸，搅拌均匀后，加入 5% 活性白土脱色，脱色油经 230℃ 脱臭后，冷却过滤。

四、玫瑰茄籽油质量评价

玫瑰茄籽油产品质量标准符合 Q/FLKS0007—2000 企业标准。其中，色泽比较，黄色泽 35，红色泽 1.2，均小于或等于标准值；水分及挥发物含量实测值为 0.05%，低于标准值 0.08%；酸值（mg KOH/g）为 0.1，远低于标准值 0.5%；过氧化值（mmol/kg）实测值为 4.3，与标准值 5.0 比较接近；杂质（%）含量为 0.01，也小于标准值 0.03；不皂化物含量为 4.6%，低于标准值 1.0%。以上指标表明，玫瑰茄具有加工为食用油的潜质。

第六节 玫瑰茄籽油品质检测

■ 一、玫瑰茄籽油的物理特征值

1. 色泽

色泽的深浅是植物油脂的重要指标之一。食用植物油具有较浅的色泽,油脂颜色主要是加工过程中籽粒中的叶黄色、叶绿素、胡萝卜素等色素物质溶于油脂导致,另外油脂的酸败也会导致颜色加深。玫瑰茄籽油呈亮黄色、透明度好,具有与常用食用油的外观;籽油带有油脂特有的烹饪香味及滋味,具有做食用油或调和油的潜力。

2. 折光指数

折光指数与油脂的组成结构有关,油脂的脂肪酸分子量越大、不饱和程度越高,则折射率越大,此外含有共轭双键和羟基脂肪酸的油脂折射率比一般油脂要高。因此,常用折射率来判断油脂的不饱和度与类型,也用来检验油脂纯度和油料种子、饼粕及油脚中油脂的含量。普通油脂的折射率为 1.4 左右,玫瑰茄籽油的折光率 1.467 与普通正常油脂相近。

3. 相对密度

不饱和脂肪酸或羟基脂肪酸含量高的油脂的相对密度较大,而短碳链、饱和脂肪酸含量较高的油脂相对密度小。因此,相对密度的测定可以了解油脂的组成特性,为评定其品质的变化提供参考,同时有助于储藏运输油脂时体积与质量间的换算关系。玫瑰茄籽油的相对密度为 0.9058,表明其具有一定的不饱和度。

■ 二、玫瑰茄籽油的化学特征值

1. 水分及挥发物含量

油脂水分会加速甘油三酯的水解而产生游离脂肪酸,游离脂肪酸比甘油酯对氧更敏感,会导致油脂更快地氧化酸败,因此当烹饪油炸时,高温下水解产生的游离脂肪酸导致油的发烟点降低，使食品的风味变差。玫瑰茄籽油水分含量为0.05%，使得玫瑰茄品质稳定性更好。

2. 酸值

酸值指皂化1g油脂中游离脂肪酸所需氢氧化钾的质量，是度量油脂中游离脂肪酸的参数。酸值的大小可以直接说明油脂的新鲜度和质量的好坏。游离脂肪酸含量的多少和油源的品质、提炼方法、水分及杂质含量、贮存的条件等因素有关。游离脂肪酸增多后会促进油脂的水解和氧化等化学反应，影响油的品质。玫瑰茄籽油酸值为1.215，表明其中游离脂肪酸含量较低，我国食用植物油卫生标准规定酸值要3~5，一级食用油要小于0.2。玫瑰籽油酸值已达到食用油标准，但尚未达到一级油标准，有待于进一步优化提取工艺和储存条件。

3. 过氧化值

过氧化值主要评价油脂中氢过氧化物的含量。油脂被空气氧化会产生氢过氧化物，进而分解产生醛、酮、酸等小分子物质，以上有机小分子会直接影响油脂的食用口味；过氧化物继续氧化生成的二级产物在动物体内不易代谢，进而损害肝脏；氧化生成的聚合物也很难被人体吸收，久积累于体内会成为致癌物质，对健康更不利。玫瑰茄籽油的过氧化值为0.7941，该值很低，高于食用油标准，表明玫瑰茄油脂的抗氧化性较好。

4. 碘值

碘值100左右的油脂主要成分是油酸，为不干性油；碘值100~130，油脂含油酸及亚油酸，属半干性油；碘值大于130，含亚麻酸的油为干性油。碘值降低，表明油脂发生了氧化。玫瑰茄籽油碘值为112.6，相对较高，说明油脂中双键较多，不饱和度较高。玫瑰茄籽油中应该含有亚油酸，属半干油。该种油为良好的食用油。

5. 皂化值

皂化值是指皂化1g油脂需要氢氧化钾量，食用油皂化值一般为168~181。玫瑰茄籽油皂化值为197.9，该值较高，表明籽油中所含脂肪酸的分子量较小，推测玫瑰茄籽油具有熔点较低、消化率较高特点。

6. 不皂化物含量

不皂化物主要指油脂中的醇、甾醇、烃类、色素、脂溶性维生素类等物质，其溶解性质与油脂大致相同，但不与碱发生皂化作用。当油脂掺有矿物油、石蜡时，植物油的不皂化值将升高，因此不皂化物含量也可指示油脂的纯度。玫瑰茄籽油的不皂化物含量为 1.32%，含量较低，与多数植物油脂含量相近。

7. 脂肪酸组成

亚油酸是人体必需脂肪酸，也是维持生命的重要物质。亚油酸能在人体内转化成 γ- 亚麻酸、DH- 亚麻酸和花生四烯酸，进而合成前列腺素，其中前列腺素 PG- Ⅱ 是抗血栓、治疗周围血管疾病、预防心肌梗死的有效成分；亚油酸还能与胆固醇酯化，起到降低血清、肝脏及血液中胆固醇的作用，进而防止动脉粥样硬化和血栓的形成。玫瑰茄籽油亚油酸含量高达总脂肪酸的 43.79%，可谓是一种保健植物油。肉豆蔻酸主要做表面活性剂的原料，油酸与棕榈酸常用于制取润滑剂、合成洗涤剂、软化剂、添加剂等。玫瑰茄籽油 GC-MS 的结果表明玫瑰茄籽油中的脂肪酸主要由棕榈酸、油酸和亚油酸构成，其中最高的为亚油酸，其次为棕榈酸与油酸。饱和脂肪酸含量为 36.52%，不饱和脂肪酸占到 63.48%。

第七节 玫瑰茄籽维生素 E 和糖类 提取研究

玫瑰茄种子是一种农业废弃物，来源于玫瑰茄花萼。研究表明，玫瑰茄籽富含油脂、生育酚、糖类、蛋白质和纤维素等，其中玫瑰花籽中含有丰富的维生素 E（生育酚）（2000mg/kg）。维生素 E 作为天然抗氧化剂，在预防和治疗阿尔茨海默病、癌症、心血管疾病、抑制血小板聚集和动脉血栓形成、延缓衰老等方面显示出良好的作用。它通过向自由基提供电子来起到中和作用，在保护细胞免受氧化应激方面起着重要的作用。人体不能合成维生素 E，必须从外源食物中获得，如植物油脂。因此，维生素 E 常被作为食品和药品的添加剂，在食品工业和药品也大量使用。

玫瑰茄籽油还含有大量的碳水化合物（21.3%~26.6%wt）。植物糖类，具有抗癌活性、抗菌活性、免疫增强活性等特定的生物活性。另外，植物糖类还具有清除自由基以预防氧化损伤作用，被用于药物设计和生产工业用生物乙醇。

一、超声波辅助提取对糖类成分产量的影响

利用水作提取溶剂，将超声波辅助提取法与搅拌提取法的结果进行了比较。证实玫瑰茄种子含有果糖、葡萄糖、蔗糖、棉子糖和水苏糖，蔗糖、棉子糖和水苏糖的主要糖的浓度分别为 20.0mg/g、17.9mg/g 和 11.0mg/g。超声波辅助提取法测得的种子总糖产量为 53.4 ± 2.0mg/g，比索氏提取法测得的 47.2 ± 1.5mg/g 高 13.1%（$P < 0.05$）。超声波（20~40KZ）的辐射产生强烈冲击波和微射流等物理效应，使得细胞组织的分裂和溶剂渗透到植物细胞，促进糖类成分溶解，因此玫瑰茄籽粒中的糖类能更高效溶解到水溶剂中。

二、玫瑰茄籽维生素 E 和糖类成分特性

利用正己烷和超声波辅助萃取玫瑰茄籽维生素 E。由于维生素 E 含有生育酚同分异构体（$\alpha-$、$\beta-$、$\gamma-$ 和 $\delta-T$）及相应的生育三烯醇和生育三烯酚，种子总生育酚（维生素 E）含量为 120.5μg/g。研究表明，HPLC 检测到所有生育酚的

异构体（$\alpha-$，$\beta-$，$\gamma-$，$\delta-T$），但没有见到生育三烯醇和生育三烯酚的峰。结果表明，种子中 $\gamma-T$ 含量最高（68.2%），是 $\alpha-T$（28.3%）的2倍以上，而 $\beta-T$ 和 $\delta-T$ 含量仅分别为2.7和0.8%。

三、油脂回收和油脂萃取过程中生育酚和水溶性糖的变化

以正己烷为萃取溶剂，在正己烷相中可回收近95.7%的总生育酚（115.3μg/g），而糖类仍保持在固相中；但正己烷同时提取了大量的生育酚。

四、二元溶剂萃取的生育酚回收和生育酚提取过程中油脂、水溶性糖的变化

研究表明，用KOH的二元溶剂可以有效地提取生育酚，因此本研究采用带有KOH的二元溶剂。超声波辅助萃取实验中，在正己烷和乙酸乙酯组成的上相（80：20v/v）中，提取生育酚93.5μg/g（77.6%）；在由水和乙醇组成的低相中，提取出27.9mg/g的糖类（44.2%）。糖类（55.8%）和生育酚（22.4%）损失或残留在种子（固相）中。

肥皂的形成导致生育酚的损失。结果表明，通过分析固相生育酚，在油脂的皂化过程中损失了6.2%的生育酚。二元溶剂法提取生育酚的效率（77.6%）低于正己烷法提取生育酚的效率（95.7%），但二元溶剂法提取生育酚的选择性高于正己烷法；100g油脂中二元溶剂萃取的生育酚含量为346.1mg，远高于正己烷萃取的64.1mg。

五、水、二元溶剂、正己烷级联萃取

为获得高得率和高选择性的糖类、生育酚，采用UAE法考察了级联萃取中溶剂顺序的影响：A.水萃取、二元溶剂萃取、己烷萃取；B.水萃取、己烷萃取、二元溶剂萃取；C.二元溶剂萃取、水萃取、己烷萃取；D.二元溶剂萃取、己烷萃取、水萃取；E.己烷萃取、水萃取、二元溶剂萃取；F.己烷萃取、二元溶剂萃取、水萃取。结果如下：水、二元溶剂和正己烷提取的主要成分分别是糖类、生育酚。

1.水相萃取优先时

在A、B两种情况下，用水相提取得到90.4%的糖类，而正己烷和二元溶

分别只回收 11.9%~12.9% 的生育酚。由于水分子可以形成覆盖在种子表面的薄膜，从而防止有机溶剂（己烷或己烷和乙酸乙酯的二元溶剂）与种子颗粒接触，造成生育酚（A 例）的提取障碍，大量生育酚仍然以"损失和固相"的形式存在。因此，对于此情况，在后续提取之前必须将固相干燥。然而，应该注意的是，以上障碍对通过水（一种绿色且廉价的溶剂）选择性地回收糖类物质是极为有利的。

2. 二元溶剂相萃取优先时

对于情况 C 和 D，77.6% 的生育酚能够被二元溶剂回收。从上面结果可以看出，对于生育酚回收来说，二元溶剂是一种比正己烷更有选择性的溶剂。考虑到生育酚（比糖更有价值的成分）含量的偏差，方案 C 认为比方案 D 更好。

3. 正己烷相萃取优先时

对于方案 E，正己烷回收了 95.7% 的生育酚，随后水相萃取回收了 86.2% 的糖类，只有少量的以上化合物停留在"损失和固相"中。显然，几乎所有的生育酚都是用正己烷回收的，E 方案不需要用二元溶剂提取。即使在 F 情况下，二元溶剂对生育酚的提取也将是微不足道的。在 E 和 F 案例中，残留的成分只在"损失和固相"中，有 0~3.0% 的糖类和 0~2.2% 的生育酚。此外，在二元溶剂萃取中，41.7% 的糖（方案 F）转移到低相。在这种情况下，由于糖类在二元溶剂相中含有高浓度无机盐，糖类的提纯成为一个障碍。为避免这一障碍，应选择方案 E，不需要提取生育酚，因为只有少量的生育酚保留在固相中。另外，在 A 和 B 方案的情况下，水分子覆盖在种子粒子上，阻止了有机溶剂与种子粒子接触，但在相反的溶剂顺序下，这种现象不存在。即在方案 E 情况下，提取生育酚和糖类的溶剂顺序最佳，且得率较高。

六、结论

超声辅助提取法的糖类得率高于搅拌提取法。经测定，超声辅助提取法的糖类含量分别为蔗糖 20.0mg/g、棉子糖 17.9mg/g、水苏糖 11.0mg/g。玫瑰茄籽中维生素 E 含量为 120.5μg/g，其中 $\gamma-$、$\alpha-$、$\beta-$ 和 $\delta-$ 生育酚含量分别为 68.2%、28.3%、2.7% 和 0.8%。生育酚和糖类不能分别在正己烷：乙酸乙酯（8：2v/v）和水的分离溶剂中同时回收。正己烷：乙酸乙酯（8：2v/v）提取 77.6% 的生育酚，比正己烷更有选择性地回收生育酚。水是一种绿色廉价的溶剂，可回收 90.4% 的糖类。如果先用水进行级联萃取，建议固相干燥后再进行后续萃取。结果表明，以正己烷和水的顺序为最佳提取顺序，可获得较高的得率。

第十章
玫瑰茄组织培养技术

第一节　玫瑰茄高产细胞系筛选

植物细胞培养过程中，影响花青素合成的因素很多，除遗传因素外，还与周围环境因素有关。根据 Zenk 的观点，植物细胞具有生物化学全能性，即全部次生代谢物形成所必需的遗传学和生理学的潜力，都存在于一个分离的细胞内，不论它们是由植物的哪一部分分离出来的，当处于稳定的培养条件下时，培养的细胞都可以预期产生相同的次生代谢物。

一、玫瑰茄愈伤组织的培养

1. 植物生长调节剂的影响

生长素的最适使用浓度也决定于细胞种类，常用的浓度范围为 0.1~5mg/L。愈伤组织培养经常使用的生长素有 IAA、NAA（α–奈乙酸）及 2,4–D（2,4–二氯苯氧乙酸）。IAA 在细胞中容易代谢，较短的时间就降至低浓度水平；而 NAA 抑制玫瑰茄愈伤组织产花青素，所以在培养玫瑰茄细胞时使用 2,4–D，使用量为 1mg/L。

激动素（Kinetin，KT）是一种细胞分裂素，可促进细胞分裂，保持细胞膜的完整性，防止细胞衰老。在植物培养细胞中使用浓度为 0.01~1mg/L，高 KT 浓度时，玫瑰茄愈伤组织结团性严重，细胞团结构紧密，有的质地坚硬，继续培养困难；低 KT 浓度时，细胞分散，愈伤组织生长良好，有利于细胞的悬浮培养及单细胞的获得。培养基 KT 浓度为 0.2mg/L 时，经过数次继代培养，许多黄色的玫瑰茄愈伤组织开始出现小的红色区域，产生花青素的细胞。在悬浮培养时，为获得分散良好的细胞，取 KT 浓度为 0.1mg/L。

2. pH 的影响

植物细胞培养基初始 pH 一般在 5~6。pH5.4 时，玫瑰茄愈伤组织红黄相间，表面湿润，细胞生长较弱，产生色素细胞少；pH5.6 时，愈伤组织红黄相间，表面湿润，细胞生长较弱，产生色素细胞少；pH5.8，愈伤组织黄红间色，表面较干，细胞松散，生长良好，产色素细胞色深；pH6.0，愈伤组织红黄间色，表面干松，细胞松散，生长良好，产色素细胞颜色变浅。综合比较认为：玫瑰茄愈伤组织生长适宜的 pH 为 5.8，悬浮培养时，pH 采用 5.8。

3. 温度的影响

培养物生长温度通常在 20~25℃，次生物质生产的最适温度与生长温度不同。当温度低于 15℃时，细胞生长与产物生成均停止，而在其他温度（30℃）下，细胞只能维持生长。产物、前体，甚至合成途径中的相邻化合物的积累均需要不同的温度。改变温度，可能引起次生物质生产数量上或质量上的变化，后者要求激活新的基础的生物合成途径。温度依赖性可能也是引起连续继代培养中产物积累速率变化的原因，玫瑰茄细胞培养温度以 24~26℃为宜，后面培养均采用 25℃。

■ 二、高产花青素玫瑰茄细胞系的筛选

1. 细胞悬浮液中单细胞的获得率

采用的小细胞分离法为物理法。悬浮培养的细胞经 250 目铜网过滤后，得到的单细胞悬液中单细胞得率为 85.37%，2~3 个细胞小团占 8.95%，4~8 个细胞小团占 5.68%。采用物理方法很难获得 100% 的单细胞。

2. 细胞生长与植板率的关系

植板细胞的生长年龄与克隆的形成密切相关，处于旺盛分裂期，即对数生长期的细胞比生长早期与静止期的细胞更容易诱导分裂，植板率高。试验结果表明，悬浮培养 8 天的玫瑰茄细胞置板率最高，为 10.99%。

3. pH 与植板率的关系

最适生长通常出现在 pH5~6 范围内的培养基中，培养基 pH 影响细胞膜的通透性，进一步影响到营养物质的运输及细胞对内源代谢物流失的控制，从而影响到细胞克隆的形成与生长。玫瑰茄细胞克隆最适 pH 为 5.84，此时植板率为 8.10%。

4. CaCl$_2$ 对植板率的影响

钙的主要功能是渗入到细胞壁的中层结构中，与中层的酸性果胶质成分结合成不溶性盐类，使原先半流动的结构硬起来。在调节细胞膜通透性方面，钙也起着重要作用，钙对沉淀质膜上或质膜内的磷脂与蛋白质是必不可少的。当基质中缺钙时，细胞膜就会出现"渗漏"。而钙对细胞生长和分裂的调节作用可能与不同浓度的钙对微管聚合的调节有关。另外，钙能够维持许多酶（NAD 激酶、蛋白

质激酶、α- 淀粉酶）活性或稳定性（α- 淀粉酶）。当培养基中 $CaCl_2 \cdot 2H_2O$ 浓度达 750mg/L 时，玫瑰茄细胞植板率最高，为 11.65%。此外，钙能有效地促进植物培养细胞生产花青素。

5. 细胞密度对植板率的影响

要使植物细胞单细胞克隆获得高的植板率，平板中的细胞浓度应在 $10^3 \sim 10^5$ 细胞 /mL 之间。玫瑰茄植板率随着细胞密度的增加而提高，但细胞系的拣出也更困难，细胞密度低于 6×10^3 细胞 /mL 时，植板率急剧下降。

第二节 悬浮培养玫瑰茄细胞生长研究

一、在基准条件下，悬浮培养玫瑰茄细胞的生长曲线

在基准条件下，采用 B5 培养基，植物激素为 1.0mg/L 2,4–D、0.1mg/LKT，碳源为 30g/L 的蔗糖，无菌条件下，吸取 5mL 悬浮培养液。悬浮培养玫瑰茄细胞可分为迟滞期、对数生长期、线性生长期、减慢期、静止期及衰亡期 6 个时期。

二、不同接种量下，悬浮培养玫瑰茄细胞的生长曲线

细胞的接种量能够影响植物细胞的生长周期。为了考察接种量对悬浮培养玫瑰茄细胞生长的影响，分别按 4、10、30、60、110g/L 鲜细胞的接种量进行试验。随着接种量的增大，最大生物量与倍增时间也随之相应增大；而到达平衡期的天数、细胞增殖倍数和细胞比生长速率却随接种量的增大而减小。不同接种量的增殖倍数甚为悬殊，而对数生长期的时间却相差不多，导致不同接种量下，细胞的生长速率有较大的差异。

三、不同氮源总量与比例对悬浮培养玫瑰茄细胞生长的影响

硝态氮（NO_3^-）对玫瑰茄细胞培养来说，是一种比铵态氮（NH_4^+）好的氮源。在氮源总量下，当全用 NO_3^- 时所获得的生物量均远高于全用 NH_4^+ 时所获生物量，而得到这一结论。在 1/4（6.75mmol/L 总氮）和 1/2（13.5mmol/L 总氮）于 B5 培养基基本氮源时，氮源总量偏少，不足以支持细胞的生长，表现为生物量偏低；而在 2 倍（54mmol/L 总氮）和 3 倍（81mmol/L 总氮）于 B5 培养基基本氮源时，氮源总量偏高，对植物细胞的生长已经表现出抑制现象。在培养末期，在不同的 NO_3^- 与 NH_4^+ 配比中，仍残留有相当数量的 NO_3^- 和（或）NH_4^+，证实以上结论。在 1 倍（27mmol/L 总氮）于 B5 培养基基本氮源，NO_3^- 与 NH_4^+ 之比例为 25 : 2 时获得了最佳生物量。

第三节　玫瑰茄花青素合成调控

植物细胞培养动力学研究的目的是定量地描述过程的变化速率，以及影响过程速率的各个因素。而生物工艺过程的动力学是研究在各种生物力的作用下，生物工艺过程中各类物质的活动规律，以及各种环境条件对这种运动规律的影响。植物细胞培养动力学的主要研究内容是培养过程中植物细胞的生长速率、培养基中各营养组分的消耗速率、次级代谢产物的生成速率等的变化规律，以及各种影响因素。

■ 一、大量元素对玫瑰茄悬浮细胞生长和花青素合成的影响

1. 不同碳源对细胞生长和花青素合成的影响

为研究玫瑰茄细胞对不同碳源的适应能力，选择了7种碳源：葡萄糖、甘露醇、蔗糖、麦芽糖、乳糖、菊糖、右旋糖酐，添加浓度均为40g/L，其他条件保持不变，测定摇瓶培养14天后玫瑰茄细胞量的增长倍数和细胞中花青素的含量。蔗糖和葡萄糖对玫瑰茄细胞的生长是适合的，细胞量分别增长14.3和12.2倍，葡萄糖对玫瑰茄细胞生长也未表现出抑制效应。葡萄糖为碳源时，玫瑰茄细胞的花青素含量比用蔗糖时稍高，均高于利用乳糖和麦芽糖，但细胞量增长倍数较小。值得注意的是利用麦芽糖为唯一碳源时，细胞花青素含量达到最高值35.3mg/g，分别是蔗糖和葡萄糖时的2.5和2.2倍，但花青素总产率仍然较低。玫瑰茄基本上不能利用甘露醇、右旋糖酐和菊糖，表明细胞缺乏应用糖醇和多糖的酶系，细胞不能生长的同时，花青素的合成也缺乏足够的碳源支持。蔗糖和葡萄糖是最适合玫瑰茄细胞生长和花青素合成的碳源。

2. 蔗糖浓度对细胞生长和花青素合成的影响

玫瑰茄细胞生长（0~40%）和花青素合成（0~6%）随培养基中蔗糖浓度的升高而增加，并分别在4%和6%的蔗糖浓度下达到最大细胞量和最高的细胞花青素含量，最高的花青素产率也在4%蔗糖浓度下出现。这与蔗糖作为唯一碳源参与玫瑰茄细胞初级代谢和次级代谢是有直接联系的。当蔗糖浓度超过4%时，玫瑰茄细胞的生长受到抑制。培养基中蔗糖的利用率随着蔗糖浓度的升高而降低。结

果表明适合玫瑰茄细胞生长和花青素合成的最佳蔗糖浓度是不同的。由于花青素的产率同时与细胞量和细胞中花青素含量有关,故此4%的蔗糖浓度是较佳的选择。

3. 氮源总量与比例对细胞生长和花青素合成的影响

氮源对植物细胞的生长是不可缺少的。氮源组成和总量的变化对细胞的生长和次级代谢的进行有不同的作用。B5培养基的基本氮源已经足够满足玫瑰茄细胞生长和花青素的合成;而 NO_3^- 离子和 NH_4^+ 离子的比例对玫瑰茄细胞生长和花青素合成有重要的作用。在1/2和1倍基本氮源浓度下,25∶2、23∶4、19∶8三种比例的培养基都比较适合细胞生长和花青素合成。在两种氮源中, NO_3^- 离子对细胞生长是必需的,但对花青素合成有一定抑制作用,降低 NO_3^- 离子浓度是一种提高细胞花青素含量的常用方法。由于玫瑰茄细胞长期生长在含铵离子的培养基中,因此缺乏 NH_4^+ 离子的培养基对玫瑰茄细胞的生长有一些不利影响。但过高的 NH_4^+ 离子则对玫瑰茄细胞生长有明显的抑制作用,在以 NH_4^+ 离子为唯一氮源的培养基中,玫瑰茄细胞基本上不能生长,甚至死亡,在一定范围内提高 NH_4^+ 离子的浓度会促进细胞内花青素的积累。除了以 NO_3^- 离子为唯一氮源的培养基中之外,提高氮源总量相应提高了 NH_4^+ 离子的浓度,因此对细胞生长也有明显抑制作用,花青素含量也降低。

4. 磷酸盐浓度对细胞生长和花青素合成的影响

磷酸盐不论对细胞生长还是花青素的合成都是必需的,但磷酸盐浓度对玫瑰茄细胞生长和花青素合成的影响是相反的。提高磷酸盐浓度能促进细胞的生长,但细胞中花青素的合成明显受到抑制;而在较低的磷酸盐浓度时,细胞中花青素的合成虽然增加,但细胞量减少。这在很多产花青素植物的培养过程都表现出同样的规律,表明磷酸盐成为生长限制性因素对花青素的合成有可能是有利的。

二、外源因素对花青素合成的影响

1. L-Phe 对花青素合成的作用

将不同浓度的 L-Phe 加入悬浮培养8天的玫瑰茄细胞培养液中,再培养7天后收获测定,不同剂量的 L-Phe 对生物量并无多大影响。当培养液中 L-Phe 的浓度为 10^{-6} mol/L 时,培养细胞花青素产量明显增加,为对照的1.2倍。分别在培养的第2、4、6、8、10、12天添加终浓度为 10^{-6} mol/L 的 L-Phe,色素含量逐渐增加,其中以第12天花青素含量与产量最高。L-Phe 能显著地促进玫瑰茄悬浮培养细胞花青素的合成，在培养的第 12 天，添加终浓度为 10^{-6}mol/L 的 L-Phe，花青素产量为 0.20g/L，为对照的 1.6 倍。

2. 槲皮素对花青素合成的作用

槲皮素为 3,3',4',5,7- 五羟黄酮，是植物培养细胞花青素合成途径中二氢槲皮素的结构类似物。在植物中，槲皮素为植物花青素合成途径中的中间产物，二氢槲皮素能够提高植物培养细胞花青素的产量。添加槲皮素对玫瑰茄愈伤组织产花青素的能力影响不明显。在 B5 培养液中添加槲皮素，悬浮培养玫瑰茄愈伤组织，细胞产量受槲皮素的影响甚小；细胞花青素的产量变化显著，当槲皮素浓度为 10^{-7}mol/L 时，玫瑰茄细胞花青素产量达 0.30g/L，为对照（0.13g/L）的 2.3 倍。

3. 金属离子对花青素合成的影响

（1）锰离子的影响

锰离子在细胞中主要是参与酶的组成，为多种氧化还原酶的激活剂，它能够刺激胡萝卜培养细胞积累花青素。于 B5 培养基中添加不同剂量的锰离子（锰离子浓度在 6×10^{-8}~6×10^{-3}mol/L 范围内），细胞产量变化不大，花青素含量与产量变化显著；当添加锰离子浓度为 6×10^{-4}mol/L 时，花青素产量高达 0.34g/L，是对照（0.12g/L）的 2.82 倍。其余 4 个浓度梯度也都不同程度地提高了花青素的产量。

（2）铜离子的影响

不同剂量的硫酸铜加入 B5 培养基中，进行单因子试验，培养玫瑰茄愈伤组织和悬浮细胞。当铜离子浓度不低于 10^{-4}mol/L 时，悬浮培养及愈伤组织培养的细胞生长受抑或死亡，细胞及培养液呈现黄绿色。随着培养基中铜离子浓度的降低，细胞生长受抑现象解除，在 0~10^{-5}mol/L 浓度变化区间内，当培养基中铜离子浓度为 0 时，愈伤组织产量减少，比对照低 9.09%。当铜离子浓度高于 10^{-7}mol/L 时，愈伤组织产量急速下降。愈伤组织在铜离子浓度为 10^{-7}mol/L 时，花青素产量最高，为 6.4mg/flask。悬浮培养的玫瑰茄细胞在含铜量为 10^{-8}mol/L 的 B5 培养基中获得了高达 0.230g/L 的花青素产量，比对照高 11%。其余几个浓度梯度的产量都很低，细胞产量也低。

（3）钙离子的影响

钙离子对玫瑰茄悬浮培养细胞产量的影响不明显。当钙离子含量为 2×10^{-3}mol/L 时，花青素的产量处于最低谷，仅为 0.16g/L；钙浓度为 4×10^{-3}mol/L 时，得最高花青素产量 0.23g/L，略高于对照。进行愈伤组织培养时，在 2×10^{-3}mol/L 的钙含量时获得最高细胞产量、最高色素含量及产量，分别为 0.66g/flask、1.31% 及 8.62mg/flask。钙离子浓度为 3×10^{-3}mol/L 时，花青素的含量及产量最低。

（4）亚铁离子的影响

Fe^{2+} 在 1~2.5μmol/L 范围内，玫瑰茄悬浮细胞中花青素产量与含量有下降的趋势，对细胞的生物量影响不大；其中，1μmol/L 时，花青素产量最高，为 0.27g/L。当培养基中铁含量达到 5μmol/L 时，细胞的生长与花青素的合成严重受抑。

三、培养过程中细胞花青素含量的变化规律

同培养条件下，细胞中花青素含量存在较大差别，但降、升、降的起伏变化趋势基本一致。在生长迟滞期中，细胞的花青素含量下降；细胞开始大量生长后，细胞中花青素的含量也逐渐上升，一般在细胞快速生长后期或静止前期（8~10 天）时花青素含量最高，随后缓慢下降。这种变化规律与一般的次级代谢产物不同。

磷酸盐的浓度对细胞中花青素含量的影响最显著，在低磷酸盐浓度的培养条件下玫瑰茄细胞内花青素的积累显著增加。磷酸盐浓度为 0.275mM 时，玫瑰茄细胞在培养过程的第 8 天出现花青素含量的最高值 33.9mg/g（DW），是其他培养过程中最高含量的 1.5~2 倍，也是原植株花青素含量的 3.5~4 倍；随着初始磷酸盐浓度的提高，细胞中花青素含量的变化也趋于平稳。

提高蔗糖浓度在一定程度上也促进了玫瑰茄细胞中花青素的合成。在 60g/L 蔗糖的培养条件下，培养过程中花青素最高含量为 22.6mg/g（DW）；而在 10g/L 蔗糖的培养条件下，最高含量仅为 10.9mg/g（DW）。NH_4^+ 浓度过高不仅抑制了细胞的生长，也抑制了细胞中花青素的合成。在高 NH_4^+ 浓度的培养条件下，细胞中花青素含量较低，变化幅度也很小。

四、培养过程中花青素总产量的变化

培养过程中花青素的总产量取决于玫瑰茄细胞量和细胞中花青素含量两个因素，两者对提高花青素的总产量同样重要。提高花青素产量的关键在于，玫瑰茄细胞具有高的花青素合成能力的同时应保证其有较高的生长速率。但大量研究表明各自的有利条件往往是矛盾的。

不同培养过程中花青素总产量的变化趋势基本相同相似。花青素总量在迟滞期内基本没有变化，进入快速生长期后玫瑰茄细胞量和花青素含量都增加，使得花青素总量大幅度提高，一般在 12~14 天时达到最高产量，为 350~400mg/L，在培养过程的后期花青素量总量基本保持稳定。蔗糖浓度对细胞生长和花青素合成

都有正向促进作用，因此培养过程中最高花青素总量会随着蔗糖浓度的提高而提高，40g/L 蔗糖培养条件下最高花青素总量是 10g/L 蔗糖培养条件下的 4~5 倍。高糖（> 40g/L）的培养条件下，其对细胞生长的抑制作用与对花青素合成的促进作用相抵消，最终花青素总量的变化不大。过高的 NH_4^+ 离子浓度对玫瑰茄细胞生长和花青素合成均有抑制作用，因此高 NH_4^+ 离子浓度的培养过程中，花青素总量较低。磷酸盐在对细胞生长和花青素合成上有着相矛盾的影响，在不同起始磷酸盐浓度的培养过程中，花青素总量变化幅度不大。

第四节 悬浮培养玫瑰茄细胞的泛醌合成的代谢调控

一、悬浮培养玫瑰茄细胞过程中泛醌的积累曲线

将 1.5g 玫瑰茄细胞接入 50mL 基准培养基中，每两天检测一次，所得结果为泛醌的比含量在整个培养过程中基本上维持一个相对稳定的水平，变化幅度少于 6.1%，总泛醌含量则随着细胞量的增加而显著增加，呈现出生物量依赖性。这与泛醌是初级代谢产物的事实相吻合。

二、生长调节剂对玫瑰茄细胞生长与合成泛醌的调控

在植物细胞培养过程中，植物生长调节剂无论对细胞生长还是产物合成均具有重要的调节作用。为研究不同浓度的 KT 和 2,4-D 对悬浮培养玫瑰茄细胞合成泛醌的影响，在保持一种激素浓度不变的前提下改变另一种激素的浓度，其余培养条件保持不变，14 天后收获测定。结果表明，随着 2,4-D 浓度的提高，收获的干物质含量逐渐降低；而泛醌的变化趋势却与此相反，在 4mg/L 2,4-D 含量达最大值，随着 2,4-D 浓度进一步提高，泛醌含量也呈下降趋势。泛醌总含量取决于生物量和泛醌比含量，综合此两种因素，在 1.0mg/L 2,4-D 时，泛醌产量达最大值为 2.2mg/L。KT 对玫瑰茄细胞的生长影响不显著，而泛醌的比含量随着 KT 浓度的增加而降低，这是由于 KT 促进细胞分裂使胞内线粒体含量降低所致。在 0.25mg/L KT 浓度时，细胞生物量及泛醌含量均达到最大值。

三、培养基中的营养物质对玫瑰茄细胞生长与泛醌积累的调控

1. 不同碳源对悬浮培养玫瑰茄细胞生长与泛醌积累的影响

以葡萄糖为碳源的配方，其所培养的细胞泛醌的比含量较其他碳源配方的略低，这似乎说明植物细胞泛醌的合成也具有分解代谢阻遏效应。以 0.5% 可溶性淀粉为碳源的配方，由于不能有效支持玫瑰茄细胞的生长，细胞产量低，因此其总泛醌含量也远低于 3% 蔗糖和 3% 葡萄糖为碳源的配方。

2. 不同蔗糖浓度对悬浮培养玫瑰茄细胞生长及泛醌积累的调控

以 1%、2%、3%、4%、5%、6% 的蔗糖为碳源的培养基，其余条件不变，14天后收获测定，不同蔗糖浓度对泛醌的比含量影响不大，但对生物量却有较大影响。说明蔗糖对泛醌合成调控作用不是很显著，只是因对生物量的影响间接地影响了泛醌的总含量。

3. 不同磷酸盐度对玫瑰茄细胞生长及泛醌积累的调控

磷酸根是构成细胞物质的重要组成部分，如生物碱上的磷脂成分；也是细胞内许多活性代谢物的重要组成元素。磷酸盐是培养玫瑰茄细胞必需的营养物质，在未添加磷酸盐时，玫瑰茄细胞基本上不能生长。磷酸盐对泛醌积累的调控不同于对次级代谢产物的调控，泛醌的比含量基本不随磷酸盐浓度发生变化。

4. 钙离子浓度对悬浮培养玫瑰茄细胞生长与泛醌积累的调控

钙离子已被确认为是细胞内信号传导的第二信使，参与了细胞内多种代谢流的调控，细胞内多种酶（如 NAD 激酶、α- 淀粉酶）的稳定性也与其活性有关；钙离子还通过钙调蛋白调控着细胞的分裂与生长。钙离子是玫瑰茄细胞生长必需的营养元素，但高钙对细胞生长略有抑制，在 5.0mmol/L 浓度以上的 Ca^{2+} 即表现出抑制效应。不同浓度 Ca^{2+} 下的泛醌比含量相差不大，在误差范围以内。因此，泛醌的总含量主要取决于玫瑰茄细胞的生物量，即在 4.0 μmol/L Ca^{2+} 时达最大值。

5. 不同浓度的焦磷酸硫胺素对培养玫瑰茄细胞泛醌积累的调控

焦磷酸硫胺素（维生素 B_1），在体内是作为羧化酶、转羧酶等的辅酶。不添加维生素 B_1 的配方，不仅其生物量，而且其泛醌含量均比添加了维生素 B_1 的配方略低，而在添加了维生素 B_1 的各配方中，泛醌的含量相差不大。在较高的维生素 B_1 浓度下，对玫瑰茄细胞的生长出现了轻微程度的抑制。玫瑰茄细胞长久生长在含丰富维生素 B_1 的培养基中（10mg/L），则不含维生素 B_1 的培养基，对其来说便是一个营养不全面的培养基，维生素 B_1 合成过程的重新启动，需要消耗能量与时间，因此表现出细胞生长及泛醌合成均较低。

6. 不同浓度的酵母膏对培养玫瑰茄细胞生长及泛醌积累的调控

细胞培养中添加酵母膏，它不仅为植物细胞提供营养物质，而且还能稳定培养过程中 pH 变化。添加酵母膏对玫瑰茄细胞的生长确有一定好处，但效果不是十分明显；而在 1% 酵母膏浓度时，却对玫瑰茄细胞表现出了严重的生长抑制现象，而且泛醌的含量也仅及其他处理的 68% 左右。

7. 不同浓度的胰蛋白胨对培养玫瑰茄细胞生长及泛醌积累的调控

胰蛋白胨一方面具有缓冲培养基 pH 变化的能力，另一方面它也可为细胞生长提供一些氨基酸类物质。胰蛋白胨在 0.5% 以上浓度时，对玫瑰茄细胞的生长表现出了抑制作用；而随着胰蛋白胨添加量的增加泛醌含量却是出现了轻微的下降。0.15% 胰蛋白胨下，玫瑰茄细胞具有最大的生物量，因此总泛醌量以此配方为最高。

四、外界环境条件对悬浮培养玫瑰茄细胞生长与积累泛醌的调控研究

1. 不同光质对培养玫瑰茄细胞生长与形成泛醌的调控

不同波长的光通过其相应的光受体，即光敏色素，可以对细胞的代谢途径产生广泛的调控。为了考查不同光质对悬浮培养玫瑰茄细胞泛醌的形成是否具有调控作用，应用不同滤光膜产生各种单色光，以及由日光灯产生白光、黑暗遮光等，形成黑暗、白光、红光、橙光、黄光、绿光、蓝光、紫光等光场，并保持其余培养条件不变。结果表明，不同光质对玫瑰茄细胞泛醌积累调控不显著；但对干物质生物量有较大影响，在绿光下干物质含量最高（12.46g/L），紫光下最低（8.37g/L），后者仅为前者 67% 左右。由于光质对泛醌积累的调控作用不大，因此泛醌的总含量主要取决于生物量，而在红光和绿光下分别得到了最大总泛醌含量。

2. L- 抗坏血酸（维生素 C）对悬浮培养玫瑰茄细胞生长及泛醌积累的调控

随着维生素 C 浓度的提高，细胞的生物量出现了一定程度的下降，由于培养基的 pH 随着维生素 C 浓度的提高而进一步下降，使得细胞生长在较酸性环境，从而使细胞生长呈现出一定程度的抑制。维生素 C 对泛醌的积累调控不是十分明显，大多数维生素 C 浓度下，含量相差不是很大，仅在较高的维生素 C 含量（1mol/L）时，泛醌含量出现了轻微的降低，这可能是细胞活力降低有关。

3. 氧化型谷胱甘肽（GSSG）对悬浮培养玫瑰茄细胞生长及泛醌积累的调控

利用氧化型谷胱甘肽形成氧化逆境，以观察对悬浮培养玫瑰茄细胞的生长及泛醌合成的调控。两个不同的时间添加氧化型谷胱甘肽均对泛醌积累没有明显的影响，所得比含量相差无几，但对细胞生物量及含水量产生了较大影响。在接种前加入氧化型谷胱甘肽时，收获细胞鲜重高，干重少，表现为干物质含量低；而

在第 10 天加入氧化型谷胱甘肽，结果却与之相反。在接种前加入氧化型谷胱甘肽，在其浓度为 30mg/L 时获得最大产量。

4. 泛醌合成的前体对悬浮培养玫瑰茄细胞泛醌合成的调控

酪氨酸对玫瑰茄细胞的生长影响不大，不同梯度处理下与对照获得了大致相仿的生物量。添加了酪氨酸时，泛醌累量均比对照高出了一点，但它们之间并没有表现出差异，这说明培养的玫瑰茄细胞其内源的苯环来源是充足的，或将酪氨酸转化为泛醌合成的苯环来源其效率是不高的。

5. 对羟基苯甲酸对悬浮培养玫瑰茄细胞生长及泛醌积累的调控

对泛醌合成的苯环部分来说，对羟基苯甲酸（PHBA）是更为直接的前体。PHBA 对悬浮培养玫瑰茄细胞的生长及泛醌积累均有一定程度的促进作用，但幅度不是很大。甲硫氨酸（L-Met）对悬浮培养玫瑰茄细胞生长与泛醌合成的调控在于，泛醌苯环部位的 2、3、5 位上都具有甲氧基和甲基，在泛醌合成过程中，它们都是由 S- 腺苷甲硫氨酸提供甲基，经甲基化作用加合上去的。因此，甲硫氨酸也是泛醌合成的前体之一。

接种前加入 L-Met，在低浓度（小于 10mg/L 时）时，对玫瑰茄细胞生长略有促进作用，而在 L-Met 大于 10mg/L 时，对玫瑰茄细胞生长表现出一定程度的抑制，特别在 50mg/L 时，抑制现象更为明显。在第 7 天和第 12 天加入 L-Met 时，对玫瑰茄细胞的生长未能表现出有规律性的影响，与对照大致相差不大；在 0、7 天加入 L-Met 时，检测到其对泛醌合成有一定的良好作用，但仍未能表现出随 L-Met 浓度的增加而升高的关系，说明内源的甲基供给不是泛醌合成的主要限制因素；在第 12 天加入 L-Met 时，对泛醌的合成与对照相当。

6. 甲羟戊酸对悬浮培养玫瑰茄细胞泛醌合成的调控

甲羟戊酸与对羟基苯甲酸的组合对泛醌的积累仍然没有明显的效应，与添加对羟基苯甲酸时的效果相仿，说明泛醌是一个比较难于调控的初级代谢物。

7. 固醇抑制剂对玫瑰茄细胞生长与泛醌合成的调控

经甲羟戊酸合成异戊二烯链后，除作为泛醌侧链外，还可作为多萜醇、胆固醇、异丙醇等的前体物质。双氯苯醚咪唑是一种固醇抑制剂，它通过抑制甾醇 C-14 脱甲基使合成固醇的前体麦角甾醇的生物合成受阻，从而抑制固醇的生物合成，因而减少了前体的流失。双氯苯醚咪唑是一个对植物细胞生长有很强抑制与毒害作用的物质，在接种前及培养至 7 天时添加，均导致细胞不能生长，甚至自溶死亡，甚至在第 12 天加入时，随着浓度的提高也表现出明显的毒害作用，表现在细胞生物量随之降低。双氯苯醚咪唑也确实表现出了截流的明显效果，虽然生物量有所降低，但泛醌含量却有明显增加，说明在低浓度添加（5 或 10mg/L）对获得较高的泛醌产量是有利的。

第五节 玫瑰茄悬浮细胞花青素合成的光效应

光照是调节玫瑰茄细胞合成花青素的重要外部因子，在悬浮培养的玫瑰茄细胞体系中，光照对玫瑰茄细胞的生长、培养液的 pH 变化和降糖速度等参数没有明显的影响，而对花青素的合成却有显著的影响。

在不同植物组织或细胞中，一些次级代谢物包括黄酮类、蒽醌类、花青素、胡萝卜素、质体醌、多酚类、菇类和挥发油等受光调控，其中光照胡萝卜素、黄酮、花青素、多酚类、质体醌等的合成有促进作用。影响植物次级代谢物的单色光一般有红光、蓝光、远红光等，不同的植物中的不同次级代谢物其有效单色光不一样，花青素在植物组织中大都受红光和远红光的调节，而花青素在大多植物悬浮细胞中的合成作用则由蓝光起作用，其他单色光根据其波长分别有一定作用。悬浮培养细胞中花青素的合成受光照的调节属于高光子流光照反应。

■ 一、光照强度对玫瑰茄细胞生长和花青素合成的影响

1. 光照强度对玫瑰茄细胞生长的影响

在不同光照强度下，玫瑰茄细胞量的变化过程相类似，均要先经过 4 天的迟滞期后进入持续增长期，持续增长期细胞量增加速度为平均每天约 0.016g/mL；在 16 天后细胞量维持基本恒定，到达 18 天时，由于细胞自溶使得细胞量都略有所下降，各培养条件下最终细胞量为 0.163~0.171g/mL（Wfc）。因此，光照强度的变化对玫瑰茄细胞的生长无显著的影响。

2. 光照强度对玫瑰茄培养液 pH 的影响

培养基的最初 pH 对玫瑰茄细胞生长和对花青素合成的影响已有过研究和报道，一般认为培养过程中的 pH 变化是细胞进行特定代谢反应的综合表现，改变培养基的 pH 同样可能改变细胞的代谢物质流向。玫瑰茄细胞培养过程中，pH 的变化经历最初的下降直至 5.2~5.3，随后逐步上升，到培养 16 天时趋于稳定，在培养 18 天时，由于细胞的自溶，部分培养液中的 pH 略有下降。结论表明，各光

照强度下 pH 变化历程相似，最低（5.2~5.3）和最高（6.7~6.8）差异不大，因此可以认为光照强度对玫瑰茄细胞培养液的 pH 变化无明显的影响。

3. 光照强度对玫瑰茄细胞培养液降糖速度的影响

玫瑰茄细胞培养液最初的降糖速度很快，平均降糖速度为每天 5mg/mL，到达第 4 天时降糖速度开始降慢，培养液最后的残糖为 1.36~1.6mg/mL。在各光照强度下玫瑰茄细胞培养液的降糖历程和速度相差不大，因此可以认为光照强度的变化对玫瑰茄细胞培养液的降糖速度无明显的影响。

4. 光照强度对玫瑰茄细胞合成花青素的影响

玫瑰茄细胞在黑暗下，即光照强度为 $0W/m^2$ 时，培养液中花青素的含量几乎不变，只接近于接种时玫瑰茄细胞带进的花青素的量 0.0172mg/mL，但由于玫瑰茄细胞没有合成更多的花青素，使得玫瑰茄细胞中花青素含量由于细胞分裂生长的稀释而降低至 0.00124mg/mL。在光照的条件下，玫瑰茄细胞进入快速生长后期时开始合成花青素，直至第 16 天左右随着光照强度的增加，花青素合成的速度和最终的产量都有所增加，但当光照强度超过 $31.0W/m^2$，达 $43.2W/m^2$ 时，花青素的产量却不再进一步提高，因此 $31.0W/m^2$ 可以视为玫瑰茄细胞合成花青素的饱和光照强度，此时玫瑰茄细胞培养液中花青素的产量为 0.432mg/mL，细胞中花青素的含量为 30.17mg/g（Wdc）。光照强度通过提高细胞内花青素的含量，而使得培养液中花青素的产量得以提高，因此光照对玫瑰茄细胞合成花青素具有促进作用。

二、单色光与玫瑰茄细胞生长和花青素合成的关系

可见光（色温 7300K）对玫瑰茄细胞合成花青素有促进作用。所采用的光源为全白色光，类似于照射到地球上的日光，这种光为各种单色光的混合光。按照有关光化学方面的理论，特定的光化学过程只有特定波长的光线有作用，在光学生物学上也是如此，如植物的光形态建成只有红光、蓝光和部分波长的紫外光有起到作用，其他单色光如绿光等无作用或作用很小；绿色植物所进行的光合作用只有红光和蓝光起到作用。

1. 单色光对玫瑰茄细胞产生花青素的作用

采用红光、橙光、黄光、绿光、蓝光和紫光等不同的单色光下，玫瑰茄细胞合成花青素的量差别很大。其中，在红光和橙光下的培养液中花青素含量基本维持恒定，与黑暗下培养的玫瑰茄细胞的花青素含量的变化过程相当。

在黄光、绿光、蓝光和紫光下，细胞都会合成花青素，培养液中花青素的含量在培养前期（0~4 天）保持基本不变，4 天后细胞合成花青素的量开始增加。在快速生长后期，花青素的合成明显加快，其中以蓝光下细胞合成花青素的速度最快，从第 4 天后平均每天合成花青素的量为 0.64mg，黄光、绿光和紫光下分别为 0.35、0.35 和 0.41mg，而全色光下为 0.47mg。从各单色光的波长范围分析来看，蓝光的波长范围为 420~530nm，是促进玫瑰茄细胞合成花青素的最有效的波长范围。

2. 核黄素对玫瑰茄细胞产生花青素的作用

核黄素对玫瑰茄细胞合成花青素及细胞量都有明显的影响，随着核黄素浓度的增加，细胞的生长和花青素的合成都受到明显的抑制作用，在低浓度时这种抑制作用不明显，而在浓度达 10mg/L 以上时细胞几乎不生长，细胞也不合成花青素。

3. β- 胡萝卜素对玫瑰茄细胞合成花青素的作用

β- 胡萝卜素对玫瑰茄细胞合成花青素及细胞量都有明显的影响，随着 β- 胡萝卜素浓度的增加，细胞的生长和花青素的合成都受到明显的抑制作用，在低浓度时这种抑制作用不明显。

4. 碘化钾对玫瑰茄细胞产生花青素的作用

碘化钾是核黄素类色素三重态的淬灭剂，能够抑制植物蓝光效应，通过添加碘化钾能够抑制玫瑰茄细胞合成花青素，10^{-3}mol/L 的碘化钾可以使培养液中花青素的产量减少近 50%，但对细胞量没有明显影响。认为核黄素是玫瑰茄细胞合成花青素光效应的隐花色素。

三、暗培养与光照培养对玫瑰茄细胞产生花青素的研究

1. 暗培养与光照培养对玫瑰茄细胞花青素产生的影响

光照能够促使前期在黑暗下培养的玫瑰茄细胞合成花青素。暗培养 4 天的细胞后经过 4 天的光照，细胞量和花青素含量都很低，但继续延长光照，细胞量和花青素含量都会增加，光照时间延长至 12 天时，花青素产量和细胞量都达到与不经过黑暗培养而进行 16 天连续光照培养的培养液相当的水平。黑暗下培养 8 天后经过 4 天的光照，显然光照剂量不足，细胞量虽然达到 7.89mg，但花青素产量只有 0.64mg，光照时间进一步延长至 8 天和 12 天花青素的产量也可以达到与 16 天全程光照相当的水平，分别为 12.1mg 和 12.4mg。但是随着黑暗下培养的时间进一

步的延长至 12 天，即使光照时间也延长至 12 天，花青素的产量也只能在很低的水平，并且随着培养时间的进一步延长，培养液逐步出现了褐变。因此，玫瑰茄细胞前期在黑培养时间不超过 8 天，再经过不少于 8 天的 $31.0W/m^2$ 光照培养，可以产生与不经过黑暗培养细胞相当的花青素产量；暗培养时间达 12 天时，尽管光照时间进一步延长，花青素的合成量也不能提高。

2. 新鲜培养液对玫瑰茄细胞花青素产生的影响

在黑暗下培养 12 天的培养液中添加新鲜培养基后再进行光照培养，除可以增加花青素的产量外，细胞量也会有所增加。在相同的光照强度和光照时间下，细胞量的增加和花青素的产生与添加新鲜培养基的量有明显的关系，新鲜培养基补充量的增加，细胞量和花青素的产量都有所增加。黑暗下培养 12 天的培养物补加 5mL 的新鲜培养基，再经过 8 天 $31.0\ W/m^2$ 光照培养，细胞量达 11.89mg，花青素总产量为 12.6mg，接近于原培养物不经暗培养，直接进行 16 天光照培养所合成花青素的产量为 12.8mg。而添加 10mL 新鲜培养基时，花青素产量则可达 14.50mg，其增幅相对于培养液补加体积的增幅较小，进一步延长光照时间至 12 天时，其产量也可以进一步增加至 17.3mg。认为暗培养的玫瑰茄细胞没有丧失花青素的合成能力，经过光照可以促使细胞产生花青素，但花青素的合成量取决于光照时间和培养液中营养成分含量，特定光照时间和营养物浓度情况下，细胞合成花青素的量是一定的。

3. L- 苯丙氨酸对玫瑰茄细胞花青素合成的影响

添加 L– 苯丙氨酸可以加强光照对暗培养的玫瑰茄细胞合成花青素的作用，细胞生物量也有略有增加，但增加幅度不如花青素含量增加明显。添加 10^{-5}mol/L 的 L– 苯丙氨酸使细胞量由对照的 8.4g 增加至 9.7g，增加幅度为 15.5%；而细胞中花青素的含量则由 15.4mg/g Wdc 增加至 21.5mg/g Wdc，增加幅度为 39.6%，由此使得培养液中花青素的总产量由 6.5mg 增加至 10.4mg，因此 L– 苯丙氨酸能有效地促进光照对暗培养的玫瑰茄细胞合成花青素的作用，这种促进作用主要是通过提高细胞中花青素含量来实现的，但当 L– 苯丙氨酸的浓度进一步提高至 10^{-3}mol/L 时，花青素含量不再进一步增加。

4. 后期光照强度对玫瑰茄细胞花青素合成的影响

提高光照强度可以在相同的培养时间内提高花青素的产量，或者缩短达到相同产量所需的时间。在光照强度 43.2W/m² 下培养总时间 14 周所产生的花青素量与光照强度 31.0W/m² 下培养 16 周的产量相当。因此，对于前期暗培养的玫瑰茄细胞在获得足够的细胞量后添加一定量的新鲜培养液或 L– 苯丙氨酸，然后再强化光照进行花青素的合成，可以较为有效地缩短总光照时长。

第十一章
玫瑰茄保鲜膜、指示膜制备及性能研究

第一节　玫瑰茄复合膜制备

将适量的壳聚糖溶于1%（v/v）乙酸溶液中，经搅拌至澄清透明，获得2%（w/v）的壳聚糖溶液。将适量的淀粉加于蒸馏水中，在搅拌过程中缓慢升温至淀粉全部糊化，获得2%（w/v）的淀粉溶液。将适量的聚乙烯醇加于水中，升温至95℃，搅拌至全部溶解，获得2%（w/v）的聚乙烯醇溶液。然后将制备的3种溶液按照体积比1∶1两两混合，并加入1%（v/v）的丙三醇，磁力搅拌15min后分别得到壳聚糖/淀粉、壳聚糖/聚乙烯醇、聚乙烯醇/淀粉混合溶液。向上述混合溶液中加入成膜基质干重12%的玫瑰茄色素冻干粉，分别得到含有玫瑰茄花青素提取物的壳聚糖/淀粉、壳聚糖/聚乙烯醇、聚乙烯醇/淀粉混合溶液。将上述复合溶液置于超声清洗机中，设置功率为50W，工作30s达到去除气泡的效果，将18mL复合溶液流延到干燥的培养皿（直径90mm）中，再于干燥箱中放置36h，设置温度为35℃，等干燥后揭取得到复合膜，并将复合膜在室温下置于干燥器中平衡。最后制得不含玫瑰茄花青素提取物的壳聚糖/淀粉膜（CS）、壳聚糖/聚乙烯醇膜（CP）、聚乙烯醇/淀粉膜（PS）；含有玫瑰茄花青素提取物的玫瑰茄/壳聚糖/淀粉膜（CSE）、玫瑰茄/壳聚糖/聚乙烯醇膜（CPE）、玫瑰茄/聚乙烯醇/淀粉膜（PSE）。

第二节　玫瑰茄复合膜的性能研究

以壳聚糖、淀粉、聚乙烯醇两两共混作为成膜基材，以玫瑰茄色素作为功能性添加成分制备活性智能包装膜，其中不含玫瑰茄花青素提取物的为壳聚糖/淀粉膜（CS）、壳聚糖/聚乙烯醇膜（CP）、聚乙烯醇/淀粉膜（PS），含有玫瑰茄花青素提取物的为玫瑰茄/壳聚糖/淀粉膜（CSE）、玫瑰茄/壳聚糖/聚乙烯醇膜（CPE）、玫瑰茄/聚乙烯醇/淀粉膜（PSE）。研究添加玫瑰茄花青素提取物后，复合膜在物理性质、机械性能、抗氧化抑菌性和智能指示等方面的差异，其结果可为活性智能包装膜成膜基材的选择提供参考。

一、膜的表征

1. 膜的颜色

颜色是我们对食品包装最为直观的印象，直接影响购买人群的选择判断。随着玫瑰茄色素的加入，复合膜的颜色发生显著变化，ΔE 值均显著增加（$P < 0.05$），其中 PSE 膜的 ΔE 值最高为 56.43；同时，复合膜的亮度均显著降低（$P < 0.05$），其中 CSE 膜的 L 值最低，由白色渐趋于黑色。玫瑰茄色素的加入使得 CS、CP 膜的 a* 值显著减小，CSE、CPE 膜的 a* 值分别为 –0.87 和 –0.37（$P < 0.05$），故呈微绿色且 CPE 膜较绿；而 PSE 膜的 a* 值显著增加（$P < 0.05$），呈现红色。这主要是因为壳聚糖是一种碱性多糖，玫瑰茄花青素会因环境 pH 的改变发生颜色变化。玫瑰茄色素的加入使得膜的透明度均显著降低（$P < 0.05$），其中 CSE 的透明度最低。深颜色的复合膜可以避免食品受到光照作用而氧化变质，然而膜颜色同时也会影响消费者对食品及其品质变化的感受，故控制天然色素的添加量是调节膜颜色较为可行的方法之一。

2. 膜的红外光谱分析

红外光谱可以有效反映化合物间的交联情况，$3273cm^{-1}$ 处较宽的峰是 O–H 键的伸缩振动峰，含壳聚糖的复合膜在 $3273cm^{-1}$ 处峰强度较大，因为同时存在 –N–H 键的伸缩振动形成了叠加的多重吸收峰。加入玫瑰茄色素后，吸收峰明显向高波数偏移，这与提取物中的酚羟基结构（氢键）相关。$2934cm^{-1}$ 和 $2887cm^{-1}$ 处分

别是 –CH$_2$ 和 –CH 的伸缩振动吸收峰，1709cm^{-1} 处对应于玫瑰茄色素中酮类物质 C=O 键的伸缩振动，由于玫瑰茄色素的加入，CSE、CPE、PSE 膜分别于 1775cm^{-1}、1778cm^{-1}、1779cm^{-1} 处出现了新的吸收峰。1640cm^{-1}（酰胺 I，C=O 键的伸缩振动）和 1556cm^{-1}（酰胺 II，N–H 键的弯曲振动）是壳聚糖的特征峰，1632cm^{-1} 处对应于聚乙烯醇（PVA）中的 O–H 键的弯曲振动峰。1596cm^{-1} 对应于玫瑰茄花青素芳香环骨架上的 C=C 键振动，加入了玫瑰茄色素后，复合膜 1550~1650cm^{-1} 间的吸收峰有明显的增强和偏移，便是由 C=C 键振动引起的，表明玫瑰茄色素与聚合物间存在分子间作用力。1410cm^{-1} 和 1338cm^{-1} 处的吸收峰是由于 –CH$_2$ 和 –CH$_3$ 的对称形变，1235cm^{-1} 处对应于 PVA 中 C–O 键的变形振动，PSE 膜在 1235cm^{-1} 处的变化是因为同时存在玫瑰茄花青素吡喃环的伸缩振动。1150cm^{-1} 和 1077cm^{-1} 处分别对应于糊化淀粉中 C–O–H 和 C–O–C 基团上的 C–O 伸缩振动。加入玫瑰茄色素后，750~950cm^{-1} 间的吸收峰的强度发生明显变化，部分键能增强，导致膜的力学性能改变，这可能是由于芳香环上发生了邻位取代。结果表明：玫瑰茄花青素与成膜基质间相容性良好，分子间作用力可导致膜性能的改变，而化学成分未受影响。

3. 膜的扫描电镜分析

加入玫瑰茄色素后，膜的微观结构发生明显改变。CSE 膜的表面仍较为平整但出现少许孔洞，相比 CS 膜，截面变得粗糙且出现不规则网状结构。这可能是玫瑰茄色素提取物破坏了壳聚糖淀粉基质的连续结构，使得交联处脆性增加，从而可能导致膜水溶性、透气性的提高和断裂伸长率的降低。CPE 膜出现了类似现象，相比 CP 膜，截面变得粗糙且出现细孔，但孔洞较少，相容性相对较好。PSE 膜的表面变得光滑平整，截面结构变得紧致且分相消失，表明玫瑰茄色素不仅与 PVA/淀粉基质有着良好的生物相容性，还可同时改善 PVA 与淀粉间的相容性。这可能是因为玫瑰茄色素中的酚羟基可与 PVA/淀粉中的羟基基团形成分子间氢键，减少聚合物中的分子内氢键和链状分子的缠结，因此 PSE 膜的断裂伸长率显著增加。

■ 二、膜的物理属性

1. 膜厚度及力学性能

添加玫瑰茄花青素提取物后，膜的厚度均显著增加（$P < 0.05$），分别增加了 6.67%、6.01%、6.51%。其中，CPE 膜的厚度最大，为 102.20μm，大小顺序为 CPE 膜 > PSE 膜 > CSE 膜，膜厚度主要与成膜基质有关。拉伸强度和延展性是包装材料的重要性能指标，食品包装需要较高的机械强度以承受运输过程中的压力并保持食品的完整性。膜的机械性能与其组分间的分子间作用力及结晶结构有关，CS 膜的拉伸强度最低（12.70MPa），其次为 CSE 膜（17.89MPa）。这是因为淀粉单独成膜有硬和脆的特性，与壳聚糖的复合会降低聚合物的平均相对分子量并改变其结晶结构，造成拉伸强度的降低。CPE 膜的拉伸强度和穿刺强度最高，分别为 98.28MPa 和 11.07N，这是因为壳聚糖与聚乙烯醇（PVA）间形成的高分子链间氢键可阻碍 PVA 中易旋转分子链段的运动，使得拉伸强度增大。而与此同时，PVA 削弱了壳聚糖分子内及分子间的氢键，从而削弱膜的刚性结构，提高了膜的断裂伸长率，CP 膜的断裂伸长率最高，为 100.47%。相比 CS、CP 膜，CSE、CPE 膜的拉伸强度分别增加了 40.87% 和 47.97%，而断裂伸长率分别下降了 14.06% 和 20.13%。可能是因为玫瑰茄色素含大量酚类化合物，其羟基基团可与壳聚糖分子形成氢键，有利于壳聚糖链的规整排列，增强了拉伸强度。而与此同时，由于玫瑰茄色素填补了更多的空间缝隙，降低了水分与成膜基材的交联，使得膜的断裂伸长率降低。PS 膜与 PSE 膜的拉伸强度并无显著差异（$P > 0.05$），而断裂伸长率差异显著（$P < 0.05$），PSE 膜的断裂伸长率最大，为 88.16%，可能是由于玫瑰茄色素提高了聚乙烯醇与淀粉间的生物相容性，使得复合膜组分更加均匀，且结构更为紧致，从而提高了断裂伸长率。

2. 含水率和水溶性及水蒸气透过系数

相比 CS、CP、PS 膜，CSE 膜、CPE 膜、PSE 膜的含水率分别下降了 0.66%、28.31%、43.02%，其中 PSE 膜的含水率最低，为 17.95%。可能因为玫瑰茄花青素分子的酚羟基与成膜基质的羟基基团形成更多的氢键，从而限制了复合膜与水分子间的交联，使得含水率显著降低（$P < 0.05$）。玫瑰茄色素的加入均显著提高了复合膜的水溶性（$P < 0.05$），是由于玫瑰茄色素中的多酚类化合物削弱膜内存在的氢键力，使得水分较容易浸入，促进了膜的膨胀和溶解。CSE 膜水溶性最高，为 27.34%，其次为 PSE 膜，水溶性为 26.39%。

水蒸气可以渗透进食品包装内部或从内部逸出，从而引起食品品质的持续变化。食品包装膜的水蒸气透过系数应尽可能的小，以阻隔食品与外部环境的水分交换。不同基底材料制备的复合膜水蒸气透过系数（WVP）差异显著（$P < 0.05$），玫瑰茄花青素的加入使得复合膜的 WVP 值均显著增加（$P < 0.05$），其中 PSE 膜的 WVP 为最大值 10.87×10^{-11}g/（m·s·Pa），相比 PS 膜增加了 71.18%；其次为

CSE 膜，相比 CS 膜，WVP 值增加了 62.83%。可能是因为玫瑰茄花青素含有大量亲水性的酚羟基，可使水分子更容易透过复合膜，从而提高了水蒸气透过系数。

三、膜的活性

1. 膜的抗氧化性

DPPH 自由基是一种以氮为中心且非常稳定自由基，DPPH 自由基清除率亦被广泛作为测定复合膜抗氧化性的标准方法之一。未加入玫瑰茄色素的 CS、CP、PS 膜抗氧化性很弱，其中 CP 膜的 DPPH 清除率最低，为 8.25%。加入玫瑰茄色素后，复合膜的抗氧化性均显著增加（$P < 0.05$），CSE、CPE、PSE 膜分别增加了 335.19%、387.24%、524.07%。其中，PSE 膜的 DPPH 自由基清除率为最高值 95.79%，其次为 CSE 膜，为 60.60%。这是因为玫瑰茄色素中的花青素是一类多酚类物质，其含有的大量酚羟基可通过形成苯氧基来消除自由基，起到抗氧化的作用。CSE、CPE 和 PSE 膜抗氧化性均有显著差异（$P < 0.05$），CSE 膜、CPE 膜的 DPPH 清除率较低，可能是因为含有壳聚糖的膜环境 pH 较高，而花青素在较高 pH 环境下不稳定且易分解。研究表明：玫瑰茄花青素含量为 0.07mg/mL 时，DPPH 清除率可达 97.4%；而在 pH6.0 的条件下，花色苷保存率下降至 54.3%。复合膜的抗氧化性主要依赖于活性成分的释放，然而影响测量结果的因素较多，除了受活性成分与聚合物的交联情况，膜的溶胀和微观结构等因素的影响，还与膜的释放环境有关。

2. 膜溶液的抑菌性能

大肠杆菌、枯草芽孢杆菌、金黄色葡萄球菌是肉类食品中常见的致腐菌，因此选用这 3 种菌作为供试菌并对复合膜的抑菌性能进行评定。加入玫瑰茄色素后，复合膜的抑菌能力均有所提高，其中 CSE、CPE 膜液分别对大肠杆菌和枯草芽孢杆菌的抑制作用显著提高（$P < 0.05$）。这是因为玫瑰茄色素具有抑菌活性，可以起到协同增效的作用。CPE 膜液对 3 种供试菌均有着最强的抑制作用，抑制圈直径最大，分别为 8.50、8.41、8.35mm，其次为 CSE 膜液。然而，PSE 与 PS 膜液的抑菌活性并无显著差异（$P > 0.05$），均无明显抑菌圈出现，这可能是因为膜液中的玫瑰茄色素含量较低，而未能达到对供试菌的抑制浓度。

3. 膜的智能指示

利用 NH_3 模拟肉类食品在腐败过程中挥发性含氮化合物的释放，测试复合膜

对 NH_3 的灵敏度。随着时间增加，顶层空间的 NH_3 浓度不断增大，CSE、CPE、PSE 膜的颜色和 RGB 变化率（S_{RGB}）不断变化。这是因为 NH_3 使得复合膜中玫瑰茄花青素的环境 pH 增大，导致花青素分子转变为查尔酮或醌型碱结构，同时伴随颜色的变化。其中，PSE 膜对 NH_3 的响应最为灵敏，16min 内 S_{RGB} 不断增加至最大值 30.77%，而后趋于稳定，S_{RGB} 不再增加。其次为 CSE 膜，12min 时 S_{RGB} 为最大值 9.54%。CPE 膜对 NH_3 的灵敏度最低，16min 时达到最大值 7.66%。CSE 膜与 CPE 膜的 S_{RGB} 值于 20min 时均有所下降，而后又有所回升，可能是因为 NH_3 可与膜表面水分子结合并水解出 NH_4^+ 和 OH^-。然而，NH_4^+ 离子的增加会大幅提升膜中壳聚糖的亲水性，使得复合膜吸水溶胀造成花青素环境 pH 的波动。基底材料显著影响膜对 NH_3 的响应，在与 NH_3 反应 24min 后，PSE 膜中黄烊盐离子结构的花青素分子受 NH_3 影响转变为查尔酮结构，膜的颜色由红色变为暗红色，而 CSE 和 CPE 膜则呈微绿色。复合膜间的灵敏度差异可能与成膜基质间不同的酸碱性有关，此外膜的透气性也会影响膜的灵敏度。

4. 膜的稳定性

复合膜可以用于肉类食品新鲜度的智能检测，而检测机理是基于复合膜的颜色变化。复合膜自身颜色的变化直接干扰检测结果，故有必要测定膜的稳定性。在 4℃ 和 25℃ 条件下，复合膜的稳定性有所不同。在 4℃ 储藏条件下，复合膜的稳定性均具有一定的波动性，随着时间的增加，复合膜的 RGB 变化率（S_{RGB}）不断增加。其中，CSE、CPE 膜的稳定性较差，S_{RGB} 在 16 天时分别达到最大值 4.27% 和 3.89%；PSE 膜的稳定性较好，S_{RGB} 最大值为 2.10%。3 种复合膜在 4℃ 条件下稳定性较好，S_{RGB} 均小于 5%。相比 4℃，复合膜在 25℃ 储藏条件下的稳定性，储藏温度的升高使得 CSE、CPE 膜的 S_{RGB} 大幅增加，分别在 16 天时达到最大值 17.40% 和 12.90%，稳定性变差。而 PSE 膜稳定性较好，16 天内 S_{RGB} 值仍维持在 2% 左右。在 4℃ 和 25℃ 储藏条件下，复合膜稳定性测试结果一致，稳定性 PSE 膜 > CPE 膜 > CSE 膜。复合膜的稳定性测试，在 4℃ 下储藏 16 天后，复合膜的颜色有略微变化，但人眼不易察觉。而在 25℃ 下储藏 16 天后，CSE 膜与 CPE 膜的颜色变化明显，呈偏黄色。这主要是因为温度升高会促进花青素的热降解，生成类黄酮的合成前体查尔酮，并伴有黄色素的沉积。PSE 膜在 4℃ 和 25℃ 条件下储藏 16 天后仍为红色，且均无明显颜色变化，稳定性较好，这种稳定的差异与成膜基材的性质有关。

■ 四、结论

以壳聚糖、淀粉、聚乙烯醇两两共混作为成膜基材，并添加玫瑰茄花青素提取物制备活性智能包装膜。添加玫瑰茄花青素提取物前后，复合膜在物理性质、机械性能、抗氧化、抑菌性等性能方面存在差异，以及不同成膜基材对复合膜的氨气灵敏度及稳定性存在影响。红外光谱表明，玫瑰茄色素可与不同成膜基材较好地相容，且提取物中的酚羟基可与聚合物分子间形成氢键作用。玫瑰茄色素对复合膜的微观结构影响显著，且与聚乙烯醇 / 淀粉基质间的生物相容性较好。玫瑰茄 / 聚乙烯醇 / 淀粉复合膜（PSE）的 DPPH 清除率最高，对氨气响应最为灵敏且稳定性较好，而抑菌活性的不足可通过调节玫瑰茄色素的量改善，因此将 PSE 膜用于接下来的应用研究。

第三节 玫瑰茄复合涂膜对蓝莓保鲜效果评价

玫瑰茄含有丰富的抗坏血酸、多酚和类黄酮类物质，具有较高抗氧化活性，因此被广泛应用于生产香料和饮料。目前，国内外鲜有以阿拉伯胶和白色玫瑰茄提取物（White Roselle Extract，WRE）为基质制作可食性涂膜用于果实贮藏的相关研究。因此，配制3种可食性涂膜液：M1：100mg/mL 阿拉伯胶 + 体积分数 1.5% 甘油；M2：100mg/mL 阿拉伯胶 + 体积分数 1.5% 甘油 + 体积分数 1.5%WRE；M3：100mg/mL 阿拉伯胶 + 体积分数 1.5% 甘油 + 体积分数 2.5%WRE，探讨阿拉伯胶与 WRE 混合制成的可食性复合涂膜对低温贮藏条件下蓝莓的保鲜效果，在果品贮藏品质和延长货架期等方面具有重要意义。

一、玫瑰茄复合涂膜溶液的基本特性

WRE 溶液中抗坏血酸、总酚、类黄酮含量和 DPPH 自由基清除率分别为（3059 ± 17）、（54500 ± 16）、（8410 ± 20）mg/kg 和（74.2 ± 0.6）%。复合涂膜液抗氧化活性从大到小依次为：M3 > M2 > M1，且不同组之间差异显著（$P < 0.05$）。复合涂膜液的抗氧化活性归因于白色玫瑰茄中的生物活性化合物的存在，如抗坏血酸、酚类化合物和黄酮类化合物。可食用涂层的颜色特征对消费者可接受的蓝莓果实也很重要，M1、M2、M3 共 3 组涂膜液的颜色分别为淡白色、淡黄色、黄色。3 种不同涂料的 a* 值和 b* 值差异显著（$P < 0.05$）。其中 M2 组涂膜液的 L* 值最大，亮度最大。

二、玫瑰茄复合涂膜对蓝莓低温贮藏过程中 PPO、POD 活力的影响

多酚氧化酶（Polyphenol oxidase，PPO）是植物体内普遍存在的一种末端氧化酶，基于酶系的催化反应的主要特征是果实颜色的变化，因此 PPO 活力的变化可以作为果实品质变化的指标。贮藏期间，所有蓝莓样品的 PPO 活力呈先下降再上升的趋势。贮藏 0 天时，涂膜组与对照组 PPO 活力差异并不显著（$P > 0.05$）。贮藏12 天后，涂膜组和对照组的 PPO 活力差异显著（$P < 0.05$），其中对照组 PPO 活力最高，为 10.8U/（min·g），M1 组和 M2 组分别为 8.18、6.28U/（min·g），

而 M3 组最低，为 4.79U/（min·g）。复合涂膜 M2 和 M3 组的果实表现出较低的 PPO 活力，可能是由于 WRE 中含有丰富的抗坏血酸、多酚和类黄酮类物质。

过氧化物酶（Peroxidase，POD）是植物活性氧清除系统中的一种重要酶，其活力的变化与果实成熟衰老密切相关。蓝莓的 POD 活力变化也呈现出与 PPO 类似的趋势，贮藏前 8 天呈下降趋势，随后上升。尽管在贮藏 8 天时，与对照组相比，所有涂膜组的蓝莓均表现出较高的 POD 活性，但是在贮藏期结束后，涂膜组蓝莓样品的 POD 活力均显著低于对照组（$P < 0.05$），而涂膜组之间并无显著差异（$P > 0.05$）。

三、玫瑰茄复合涂膜对蓝莓低温贮藏过程中花色苷、总酚含量的影响

在整个贮藏期间，所有组的蓝莓果实中总酚含量呈先升高后下降的变化趋势。其中，对照组和 M1 组蓝莓的总酚含量在贮藏 4 天时达到峰值，随后迅速下降；而 M2 和 M3 组总酚含量峰值稍晚出现，在贮藏第 8 天达到峰值，随后迅速下降；在贮藏期结束后，涂膜组和对照组差异显著（$P < 0.05$），M2 和 M3 组蓝莓样品维持了较高的总酚含量。M2、M3 组蓝莓样品较高的总酚含量可以归因于复合涂膜组 M2、M3 中添加的 WRE 有效地抑制了 PPO 活力，减缓了酚类物质的消耗速度，从而维持了蓝莓果实贮藏后期较高的总酚含量。贮藏期间所有蓝莓样品的花色苷含量呈先上升后下降的趋势，均在贮藏的第 4 天达到峰值。随着贮藏时间延长，涂膜组蓝莓的花色苷含量明显高于对照组（$P < 0.05$）。贮藏 12 天后，对照组蓝莓的花色苷含量为 0.41mg/g，分别为 M1、M2、M3 组花色苷含量的 56.5%、63.4%、51.2%。

四、玫瑰茄复合涂膜对蓝莓低温贮藏过程中质量损失率和腐烂率的影响

质量损失是影响蓝莓贮藏品质的主要因素之一，主要表现为果实失水发生皱缩，并且失去光泽，此外果实的有氧呼吸作用也会使一部分有机物转化为 CO_2 和 H_2O，从而造成一定的质量损失。随着贮藏时间的延长，蓝莓果实的质量损失率逐渐升高。经涂膜处理的蓝莓质量损失率上升的幅度低于对照组，主要是因为具有较高憎水性的阿拉伯胶涂膜能够在水果表面形成水蒸气屏障，从而减少水分蒸发、降低质量损失率。整个贮藏期间涂膜组之间质量损失率差异并不显著（$P > 0.05$），其中 M3 组的质量损失率上升幅度最小。所有蓝莓样品的腐烂率也表现出与蓝莓质量损失率相似的趋势，在 4 天后，对照组蓝莓的腐烂率为 6.5%，涂膜组基本上没有果实腐烂；贮藏 12 天后，对照组 18.2% 的蓝莓腐烂，涂膜组腐烂率维持在较

低水平，且涂膜组之间差异不显著（$P > 0.05$）。因此，相比于对照，涂膜处理有效降低了果实质量损失率和腐烂率，这可归因于可食性涂膜在蓝莓果实表面形成了保护性屏障，一定程度上抵御了微生物对果实的分解作用，并且 WRE 的添加可能使果实表面的涂膜结构更加紧密，从而更有效地抑制与呼吸作用相关的代谢活动，维持果实较好的贮藏品质。

五、玫瑰茄复合涂膜对蓝莓低温贮藏过程中理化指标的影响

果实硬度是反映耐贮性的重要指标，软化是果实成熟的一个重要特征。果实软化时，在细胞壁中发生的最显著变化是果胶物质溶液化，同时伴随着细胞壁中胶层的溶解和初生壁的破坏。低温贮藏期间，蓝莓果实的硬度呈下降趋势。贮藏后期，对照组软化程度明显高于涂膜组，涂膜组的差异并不显著（$P > 0.05$），贮藏 12 天时，M3 组硬度最大，为 110.2g，M1 组和 M2 组分别为 108.6g 和 107.0g；对照组硬度为 94.2g，为涂膜组平均硬度的 87%。整个贮藏期间，涂膜延缓了果实硬度下降速度并且维持了贮藏后期果实的较高硬度，这可归因于涂膜在果实表面形成均匀薄膜，抑制了蒸腾作用，延缓了果实硬度的降低。所有蓝莓样品的 SSC 在贮藏期间都呈上升趋势，并且所有涂膜组的蓝莓 SSC 变化无显著差异；但贮藏结束时，涂膜组蓝莓果实的 SSC 高于对照组。

六、玫瑰茄复合涂膜对蓝莓低温贮藏过程中色泽和褐变指数的影响

颜色是果实重要的外观特征之一，果实颜色的变化与贮藏品质密切相关。而果实的色泽变化与果实褐变密切相关，L* 值表示果实色泽的明暗程度，L* 值越大表示亮度越大，表面越有光泽；贮藏期间果实的 L* 值呈下降的趋势，贮藏后期下降趋势趋于平缓。贮藏期间，对照组的 L* 值显著低于涂膜组（$P < 0.05$），而涂膜组之间 L* 差异不显著（$P > 0.05$），贮藏 12 天后，M2 组蓝莓果实的 L* 值最大。a* 值表示红绿程度，a* 值越大说明色泽越红。贮藏期间所有蓝莓果实的 a* 值呈上升趋势。贮藏 8 天后，涂膜组的上升趋势较对照组更缓慢。贮藏 12 天时，对照组、M1、M2 组 a* 值分别为 2.62、1.75 和 1.63，M3 组的 a* 值最低（1.43），仅为对照组的 54.6%。贮藏前期，所有蓝莓的褐变指数变化较平缓，对照组与涂膜组差异并不显著（$P > 0.05$），贮藏 4 天后，对照组蓝莓的褐变指数的上升速度高于涂膜组，在贮藏 12 天后，涂膜组和对照组蓝莓的褐变指数差异显著（$P < 0.05$）。可能是可食性复合涂膜通过在果实表明形成透明薄膜，阻止了蓝莓果实与氧气接触，抑制了褐变发生。

七、玫瑰茄复合涂膜对低温贮藏蓝莓感官评价和表观品质的影响

与对照组相比，涂膜处理明显改善了蓝莓的风味、口感和颜色等感官指标，并且具有更好的表观，更易于被消费者接受；相比于其他涂膜组，M3 组具有更佳的气味、口感、外观和总感官评分。贮藏后，对照组蓝莓果实皱缩严重，果实变软，并且略有异味，风味口感较差，而涂膜处理后果实相对饱满，硬度相对于对照组较好，口感更佳，其中以 M3 组蓝莓的总感官品质最好。

八、结论

通过添加 WRE 制作玫瑰茄复合涂膜进行对低温贮藏蓝莓保鲜效果的研究，结果表明玫瑰茄涂膜有效地降低了蓝莓果实在低温贮藏过程中的质量损失率和腐烂率，延缓了果实硬度下降，抑制了果实的 PPO 和 POD 活力，维持了蓝莓果实较高的总酚和花色苷含量。相比于单一的阿拉伯胶涂膜，添加了 WRE 的复合涂膜在抑制低温贮藏蓝莓果实的 PPO 活力、降低褐变指数、维持总酚和花色苷含量及改善蓝莓的感官品质等方面表现出更好的效果。

第四节 玫瑰茄复合膜在猪肉保鲜应用研究

以聚乙烯醇／淀粉为成膜基材，分别加入3%、6%、12%和24%（w/w）玫瑰茄色素冻干粉，制得不同浓度的玫瑰茄／聚乙烯醇／淀粉膜，分别为PSE/3%、PSE/6%、PSE/12%和PSE/24%；不含玫瑰茄色素的为聚乙烯醇／淀粉膜（PS）。在4℃冷藏条件下，对猪肉样品进行包装保鲜测试和新鲜度检测，考察玫瑰茄复合膜保鲜的应用潜力，为玫瑰茄复合保鲜智能膜的后续开发提供基础数据。

一、玫瑰茄复合膜液的抑菌性

随着玫瑰茄色素含量的增加，复合膜对大肠杆菌、枯草芽孢杆菌和金黄色葡萄球3种供试菌的抑制能力逐渐提高，且PSE/24%膜液的抑菌效果最强，抑制圈直径分别为最大值6.69mm、6.24mm和6.55mm，其次为PSE/12%膜液，因此将PSE/12%膜和PSE/24%膜用于猪肉样品的保鲜实验。

二、猪肉pH值

在贮藏初期，不同处理组猪肉的pH出现先下降再上升的过程。这是因为屠宰后猪肉会经历僵直期和腐败期，僵直期时肌糖原的无氧糖酵解和三磷酸腺苷（ATP）的分解会分别产生乳酸和磷酸，造成pH值的降低；而腐败期时猪肉经细菌和酶的作用下会生成氨及胺类等碱性含氮化合物，造成pH值的上升。贮藏4天后，不同处理组包裹的猪肉pH值均不同程度低于空白组，PSE膜包装猪肉的pH值相对较低，且色素浓度越高，pH值越低，可能是玫瑰色素渗透到样品内部造成的影响。根据评定标准，猪肉pH5.8~6.2为新鲜，pH6.2~6.4为次新鲜，pH6.4以上为变质肉。猪肉的初始pH为5.84，空白组第6天pH为6.40，已开始腐败，第8天完全腐败，但PSE膜包装的猪肉仍较为新鲜。

三、猪肉脂质过氧化值

丙二醛是肉类食品中不饱和脂肪酸氧化降解的主要产物，其可与硫代巴比妥酸（TBA）生成在532nm处有最大吸收峰的有色化合物。硫代巴比妥酸反应值

（TBARS）可以反映产生脂肪氧化产物的含量，TBARS 值越大，氧化程度越高。随着时间增加，空白组和处理组包裹猪肉的 TBARS 值均不断增加。当 TBARS 值超过 0.664mg/kg 时，猪肉完全腐败，空白组于第 8 天的 TBARS 值达到 0.69mg/kg。相比空白组，PSE 膜包装的猪肉 TBARS 值测试结果较大，是因为玫瑰茄色素在 520nm 处有最大吸收峰，玫瑰茄色素渗透到猪肉对测试结果造成较大影响。相比第 2 天，第 10 天时空白组的 TBARS 值增加了 259.34%，PSE/12% 膜组为 115.13%，PSE/24% 膜组为 128.89%。PSE 膜包装的猪肉 TBARS 值增长相对较低，是由于膜中的玫瑰茄花青素具有抗氧化性，可有效延缓猪肉的脂质氧化。

四、猪肉细菌总数

菌落总数（TVC）可用于反映肉类食品受微生物侵染的程度。猪肉初始菌落数为 3.99lg CFU/g，空白组和处理组包裹猪肉的 TVC 值随时间变化均不断上升。PSE 膜包装的猪肉 TVC 值均显著低于空白组（$P < 0.05$），第 4 天时，空白组的 TVC 值已达到 6.43lg CFU/g，表明此时猪肉已经不再新鲜（> 6.00lg CFU/g），而 PSE（0.12%）和 PSE（0.24%）膜包装的猪肉 TVC 值分别为 5.66 和 5.55lg CFU/g，仍处于次新鲜级。10 天后，空白组猪肉 TVC 值增加至 7.86lg CFU/g，PSE/24% 膜组 TVC 值为最小值 6.80lg CFU/g，PSE/12% 和 PSE/24% 膜包装的猪肉 TVC 值相比空白组分别降低了 7.25% 和 13.55%，有效地抑制了微生物的繁殖，且随着玫瑰茄色素浓度的增加，菌落总数有降低的趋势，这与膜中玫瑰茄色素的天然抑菌活性有关。

五、猪肉挥发性盐基氮

挥发性盐基氮（TVB-N）通常作为评价肉类新鲜度的关键理化指标。肉类食品的蛋白质在腐坏期间非常容易受到酶及细菌的作用，同时会产生挥发性含氮化合物。根据 TVB-N 可将猪肉分为 3 个等级，新鲜级（< 15mg/100g）、次新鲜级（15~25mg/100g）、腐败级（> 25mg/100g）。伴随着贮藏时间的增加，空白组和处理组包裹猪肉的 TVB-N 值均呈现出明显的上升趋势。PSE 膜包装的猪肉 TVB-N 值有先下降的趋势，因为玫瑰茄色素会渗透到样品内部并部分解离出 H^+，这与猪肉 pH 的测试结果相一致。PS 膜包装的猪肉 TVB-N 值与空白组并不具有显著的差异（$P > 0.05$），而 PSE 膜组则全部低于空白组（$P < 0.05$），且玫瑰茄色素含量越高，TVB-N 值越低，这是因为玫瑰茄色素具有抑菌作用，可抑制细菌对蛋白质的分解，从而降低了猪肉中氨及胺类等的含量。空白组的猪肉在第 2 天

时 TVB–N 值为 14.46mg/100g，仍属于新鲜级；在第 6 天时，空白组 TVB–N 值已达到 23.98mg/100g，表明此时猪肉开始变质。而 PSE/12% 和 PSE/24% 膜包装的猪肉 TVB–N 值分别为 18.66mg/100g 和 15.40mg/100g，此时猪肉仍处于次新鲜级，说明 PSE 膜对猪肉具有一定保鲜效果。

六、玫瑰茄色素复合膜的灵敏度

随着时间增加，顶层空间的 NH_3 浓度不断增大，不同浓度 PSE 膜的 RGB 变化率（S_{RGB}）均不断增加。不同浓度 PSE 膜的灵敏度差异显著（$P < 0.05$），其中 PSE/6% 膜的灵敏度最大，24min 时 S_{RGB} 为最大值 61.83%。PSE 膜的灵敏度并未与玫瑰茄色素浓度呈现明显的相关性，可能是因为当玫瑰茄色素含量 ≤ 6% 时，花青素含量越高，灵敏度就越高，因此 PSE/6% 膜的灵敏度大于 PSE/3% 膜；且 8min 时，PSE/12% 膜的灵敏度最大，S_{RGB} 为 21.56%。然而，由膜的微观结构可知，随着玫瑰茄色素的加入，复合膜会变得更加均匀且紧致，这可能导致膜对气体的阻隔性增强。由此推断，当玫瑰茄色素含量 > 6% 时，随着玫瑰茄色素含量的增加，NH_3 反而更难进入膜的内部，从而可能导致膜灵敏度的降低。与 NH_3 反应后，PSE/6% 膜由粉红色变为蓝黑色，颜色变化明显，PSE/12% 膜变为暗红色，然而 PSE/24% 膜颜色并无明显变化，这与关于膜气体阻隔性增加的推断相吻合。并且膜周边的颜色最先开始变化，这是因为膜周边的气体接触面积较大，这也正好对应于 PSE/24% 膜较高的气体阻隔性。

七、结论

将玫瑰茄色素复合膜用于包装猪肉，并在 4℃ 环境下贮藏，通过对猪肉的 pH、脂质过氧化值、细菌总数等理化指标的测定，综合考察复合膜对猪肉的保鲜效果。另将玫瑰茄色素复合膜配合包装盒包装猪肉，通过对膜的颜色特征的提取，并结合 K 近邻算法建立猪肉新鲜度等级的判别模型，预测集的识别率最高可达 93.3%。结果表明，玫瑰茄色素复合膜既是可用于猪肉保鲜的活性包装膜，同时也是可用于猪肉新鲜度检测的智能包装膜。

第五节 玫瑰茄新鲜度指示膜的制备

一、改性玫瑰茄花青素制备

酰化改性可有效提升花青素离体后的稳定性。现将乙酸、吡啶和玫瑰茄花青素以摩尔比 10 ： 5 ： 1 溶于一定体积乙醇（50%）溶液，55℃下反应 5h 后，用旋转蒸发仪减压除去吡啶和乙醇，真空冷冻干燥制得改性花青素。

二、新鲜度指示膜制备

配制质量分数为 12% 的聚乙烯醇（PVA）水溶液；在 PVA 溶液中添加适宜质量分数的改性玫瑰茄花青素、1.0%（质量分数）的甘油，最后加入一定量的戊二醛形成交联网络结构，静置脱泡 24h 后即制得新鲜度指示薄膜所需指示液；为提升表面附着性，取电晕处理后的 PP 基膜置于匀胶旋涂仪，指示液旋转涂覆于基膜上制备出新鲜度指示膜，涂膜厚度控制在 10μm，新鲜度指示薄膜厚度为（70±10）μm，最后真空干燥 24h 后避光储存待用。

三、结论

以 PP 为基膜，乙酸改性后玫瑰茄花青素为新鲜度指示剂，PVA 水溶液为基液，使用旋涂法制备了一种新鲜度指示薄膜。

第六节 玫瑰茄新鲜度指示膜的性能评价

一、玫瑰茄花青素改性情况分析

1. 红外扫描图谱分析

将玫瑰茄花青素改性后红外扫描图谱，与未改性玫瑰茄花青素相比，改性后的玫瑰茄花青素有 4 个区域的吸收峰出现较明显的位置及强弱变化，并新增了多个吸收峰。第一个区域在 2500~3400cm^{-1} 的范围内，改性花青素出现了强且宽的缔合羟基吸收峰；第二个区域在 1600~1400cm^{-1} 的范围内，在该区域内改性玫瑰茄花青素出现了 4 个吸收峰，而未改性玫瑰茄花青素只有 3 个吸收峰，改性花青素在 1596cm^{-1} 处为新增吸收峰可能为 C=O 伸缩振动峰；第 3 个区域在 1353~1200cm^{-1} 范围内，改性花青素在 1270cm^{-1} 处的吸收峰明显强于未改性花青素，这可能是邻近 C–O 的偶合效应造成的；第 4 个区域在 917~643cm^{-1} 范围内，改性花青素出现了 4 个吸收峰，而未改性花青素只有 2 个吸收峰，其中 705、749 和 886cm^{-1} 处为新增吸收峰，是典型的 C–H 面外弯曲振动吸收峰。因此，引入了 C=O、C–O–C 官能团及烷基，表明花青素引入酰基。

2. 紫外－可见光谱分析

未改性花青素溶液在 pH2 时呈红色，在 pH3~8 由淡粉色向淡紫色转变，在 pH9~12 则由紫变蓝最终变成青绿色。而改性花青素溶液在 pH2~3 呈红色，在 pH4~10 呈淡粉色，在 pH11~12 则由黄变绿。在可见光（380~780nm）波长范围内，吸光度可以反映其互补颜色的色度，比如花青素在红色波段下的吸光度显示的就是其互补色，即绿色。未改性花青素溶液最大吸收峰所对应的波长由 511nm 向 617nm 迁移，且在 pH2~3 吸光度变化最大，有明显的颜色突变。改性后，花青素溶液最大吸收峰所对应的波长由 511nm 向 593nm 迁移，在 pH3~4 吸光度变化最大且有明显的颜色突变。花青素溶液颜色随 pH 值变化的原因是花青素存在 4 种相互转变的结构。在 pH < 2 时，溶液中花青素主要以黄烊盐离子的形式存在，

溶液呈现红色；而 pH3~7 其结构逐渐向无色的假碱、查耳酮转变，红色下降；在 pH＞8 时，花青素转变为蓝色醌式碱，导致原有黄烊盐离子的浓度及色泽强度同时下降，溶液逐渐呈现出蓝色。最后，花青素在强碱性环境下降解，颜色变为黄绿色。改性后，溶液颜色发生变化的原因可能是花青素结构中引入酰基形成了"三明治"结构，有效地阻碍了 4 种结构的转变；在 pH3 时溶液仍保持红色的原因可能是酰化花青素阻碍了红色的黄烊盐水解成无色的查耳酮，导致黄烊盐水解平衡时的 pH 升高。此外，酰基化阻碍了花青素在弱碱性环境下花青素向蓝色醌式碱转变，维持无色的假碱、查尔酮存在。

3. 新鲜度指示膜对 pH 的响应

当 pH＜3 时，指示膜呈红色，随着 pH 值升高，指示膜呈浅粉色；当 pH 值＞11 时，指示膜则呈现绿色。通过 L*、a*、b* 值对指示膜的颜色进行评价，L* 表示颜色的明度从暗到亮，a* 表示颜色由红（＋）到绿（－），b* 表示颜色由黄（＋）到蓝（－）。通过相邻 pH 值间的 ΔE 值表征指示膜在不同 pH 值下的颜色的连续变化。指示膜的 ΔE 值在 pH3~4 最大，为 19.19，此区间内红色明显变浅，属人眼可明显察觉的色差变化；pH10~11 时的 ΔE 值变化次之，为 18.70，绿色加深。此外，指示膜与花青素溶液在不同 pH 时的颜色变化趋势一致，这表明将玫瑰茄花青素制成涂膜液涂覆于聚丙烯薄膜表面后仍具有较高的生理活性，随外界 pH 值的变化稳定显色。

4. 温度对新鲜度指示膜颜色稳定性的影响

新鲜度指示薄膜在 4℃、23℃和35℃条件下贮存的颜色变化，通过指示膜的色差值 ΔE 判断其颜色稳定性。温度越高，指示膜贮存 15 天后，色差 ΔE 变化越大，这是因为随着温度升高，花青素的结构发生了变化，二苯基苯并吡喃阳离子加速向查耳酮与无色假碱的方向反应，造成醌式碱和有色黄烊盐离子的减少，最终使得花青素颜色向短波方向移动，发生明显的颜色变化。改性花青素指示膜在 4℃、23℃及 35℃下贮存 15 天后，色差 ΔE 分别为 2.58、2.93、4.46，低于未改性花青素指示膜的 4.65、5.29、10.30，这是因为指示膜颜色主要由花青素呈现，而改性后的花青素结构中引入酰基可以有效抑制上述结构的转变，从而使得指示膜在不同温度下的具有更优的颜色稳定性，降低了温度对指示膜颜色的影响。

5. 光照对新鲜度指示膜颜色稳定性的影响

新鲜度指示薄膜在4℃、光照条件下贮存15天的颜色变化，通过指示膜的色差值 ΔE 判断其颜色稳定性。光照条件下贮存15天后，改性指示膜的色差 ΔE 为3.42，明显低于未改性指示膜（8.46），这可能是酰基有效阻碍了黄烊盐离子经无色假碱生成查耳酮或黄烊盐直接光解的过程。因此，使用改性花青素制备的指示膜具有更好的光稳定性。

■ 二、结论

对指示膜的 pH 响应性和颜色稳定性进行了分析，所制备的指示膜在不同 pH 时有明显颜色变化，且在 pH3~4 时，ΔE 值变化最大，为19.19，此区间内有明显的颜色变化，处于人眼可明显感知的色彩变化范围。改性花青素指示膜在光照和两种不同温度下贮存15天后的色差 ΔE 均小于未改性花青素指示膜，表明改性玫瑰茄花青素在指示膜中仍保持着生理活性，并具有较高的光稳定和热稳定性，在食品包装领域具有良好的应用潜力。

第七节　玫瑰茄新鲜度指示膜对鱼肉新鲜度指示效果评价

选用玫瑰茄浸泡在乙醇溶液中得到玫瑰茄色素溶液，并通过其对各 pH 值溶液的指示效果确定最佳的玫瑰茄/乙醇溶液比例。以壳聚糖与玉米淀粉作为成膜基材，加入不同比例的玫瑰茄色素溶液，采用流延法制备食品新鲜度指示标签。利用制得的指示标签对鱼肉的腐败过程进行指示，对鲜白花鱼鱼肉的 pH 值和挥发性盐基氮值进行测定。

一、挥发性盐基氮值（TVB-N）变化的测定

利用凯氏定氮仪对鱼肉腐败过程中的 TVB-N 含量进行测定，并根据得到的 TVB-N 数值绘制得到鱼肉腐败过程中 TVB-N 变化趋势，其中空白组的盐酸消耗量为 0.52mL。鱼肉在冷藏保存的过程中，挥发性盐基氮的数值不断增大，并且后期的增长速率明显高于前期。在第 5 天时，TVB-N 含量为 0.2968mg/g，已接近上限值；第 6 天时，挥发性盐基氮的数值达到了 0.3640mg/g，超过了国家标准《水产品卫生标准的分析方法》中对于消费者可以接受的海水鱼的挥发性盐基氮的上限 0.30mg/g。故认为，鱼肉随着冷藏储存的时间逐渐延长而逐渐腐败，在第 6 天时，鱼肉完全腐败。鱼肉的挥发性盐基氮值逐渐升高的原因是因为随着储存时间的延长，蛋白质会在微生物以及酶的作用下发生反应，分解生成挥发性盐基氮，这也是 TVB-N 可以作为衡量鱼类是否新鲜的重要原因之一。

二、pH 值变化的测定

在冷藏储存的初期，鱼肉的 pH 值随着储存天数的延长而有所降低，并且在第 2 天时降低至最低值 6.31，在之后的储存过程中，鱼肉的 pH 值则随着储存时间的延长有着较为明显地上升。发生这种现象的原因是由于在储存初期，鱼肉中的糖原发生糖酵解，产生具有酸性的乳酸，使得鱼肉的 pH 值有所下降，而在之后的储存过程中，鱼肉中某些腐败菌的生命活动增强，使得鱼肉的蛋白质发生分解，生成具有碱性的胺类化合物或氨，导致鱼肉的 pH 值有明显上升。

■ 三、鱼肉腐败过程中的感观分析

可以看出随着鱼肉在冰柜中冷藏保存的时间变长，其外观由富有光泽、鱼肉紧实逐渐变为颜色暗黄、鱼肉失去弹性，气味由没有异味的海藻味道逐渐变为浓烈的鱼腥臭味，肌肉组织从肉质细腻紧致、纹理清晰逐渐变得松散且纹理不再清晰。在冰柜中冷藏的鱼肉在第 6 天时各项评分均明显下降，说明从感官方面来看较之前有较明显的腐败现象发生。

■ 四、储存过程中新鲜度指示标签颜色变化

鱼肉水分含量高、肌纤维短、肌肉组织脆弱，细菌极易生长繁殖，在储存过程中蛋白质会在微生物及酶的作用下分解，在储存末期 pH 值会上升至 7.4 左右。玫瑰茄色素溶液添加量为 1mL、3mL 的食品新鲜度指示标签的颜色整体明度值较高，容易发生不利于识别的情况；玫瑰茄色素溶液添加量为 5mL、7mL、9mL 的食品新鲜度指示标签明度值较低、颜色较深，有利于提高作为食品新鲜度指示标签时的指示效果。

从时间上看，第 1 天到第 7 天玫瑰茄色素溶液添加量为 1mL、3mL 的食品新鲜度指示标签在冷藏储存过程中的颜色变化相对较小，且色差随时间延长上升趋势并不明显，这可能是由于在薄膜时色素溶液在各处流延不均匀导致的。色素溶液添加量为 5mL、7mL、9mL 的新鲜度指示标签在冷藏储存过程中色差值相对均比较明显，且随时间延长色差均有明显上升趋势。除玫瑰茄色素添加量为 1mL 的指示标签外，其余 4 组食品新鲜度指示标签在第 6 天时相较于第 1 天均发生了比较明显的颜色变化，且色差随着色素溶液添加量的升高而升高。当色素溶液添加量为 7mL 时，色差最大，达到 16.56，指示标签颜色由紫红变为灰绿，并在第 5、6、7 天颜色逐渐向绿色靠近，故而可以认为色素溶液添加量达到 7mL 时新鲜度指示标签对于鱼肉腐败过程的指示效果最为明显。

■ 五、结论

通过提取玫瑰茄色素制作新鲜度指示标签，利用标签变色情况检测鲜白花鱼的新鲜度。研究发现，鱼肉的变质腐败过程中随着挥发性盐基氮含量的增加，鱼肉的 pH 值明显上升，碱性逐渐增加，而玫瑰茄色素在 pH 值增大时有一定的敏感性，致使不同色素溶液含量的标签都发生了不同程度的颜色变化。添加的玫瑰茄色素溶液含量达到 7mL 时所制作的新鲜度指示标签颜色变化与鱼肉新鲜度变化较一致。

当鱼肉发生腐败时，指示标签由紫红变为灰绿，随着腐败的加深逐渐向绿色靠近，可以通过颜色变化反映鱼肉的新鲜度。该结果表明，应用玫瑰茄色素制作的食品新鲜度指示标签，可用于鱼肉智能指示标签。

第十二章
玫瑰茄食品加工技术

第一节 玫瑰茄食品加工情况

　　玫瑰茄不但有保健和药用价值作用，而且还是一种色、香、味俱佳的食品。玫瑰茄生产的纯天然保健食品，很符合现代人的消费观，是新的食品和食品工业原料。比如玫瑰茄的花萼颜色艳丽，是食品中的着色剂，我国已批准玫瑰茄红色素可作为食品添加剂使用。玫瑰茄花萼本身就是一种很好的花茶，其采收标准是：在花托、花萼呈紫红，未转褐色前采收，此时收获的花萼品质好、外观鲜艳。前期和中期采收的花萼品质为好、花萼厚、有机酸和色素含量较高，而后期采收的花萼较薄、品质较差。

　　玫瑰茄可加工成玫瑰茄饮料、玫瑰茄蜜饯、玫瑰茄果酱、玫瑰茄糕点、玫瑰茄酒等。耿华经过研究，发现玫瑰茄干花萼用量在 2% 时，其饮料酸度、色度、黏度及口感均呈现出最佳状态。为了减少饮料的黏度，采用天然甜味料甜菊糖甙来提高产品的甜度，使其糖酸比为 121（17 ∶ 0.14），具体配方如下：2% 玫瑰茄花萼、7% 砂糖、1% 蜂蜜、0.05% 柠檬酸、0.07% 甜菊糖甙。此饮料具有玫瑰茄特有的花香，香气优雅、协调，酸甜适度，口味纯正绵长，泡沫丰富细腻，口感颇佳。

　　曾光愿等介绍了一种玫瑰茄可乐的制作方法，该方法制作的玫瑰茄可乐色泽鲜红色，口感极好，具有玫瑰茄原有的色、香、味。该可乐的配方如下：L- 抗坏血酸钠 0.05%，玫瑰茄 0.6%~0.8%，白糖 10%，玫瑰香精和可乐香精 0.01%，苯甲酸钠 0.1%，其余为碳酸水。

　　柯范生等用温水浸提干玫瑰茄，再在浸提液中加入蜂蜜、葡萄糖、柠檬酸、乙基麦芽酚等配料，喷雾干燥后得到玫瑰茄冲剂，该产品为颗粒状（或粉状），玫瑰红色。将该冲剂用开水溶解即成饮料，口感好，具有玫瑰茄原料的色、香、味等，且最大限度地保留了玫瑰茄的有效成分和色泽。

第二节 玫瑰茄果蔬调味茶

一、工艺流程

玫瑰茄花萼→挑选→清洗→浸提→过滤→澄清→玫瑰茄汁
                                              ↓
菠萝、黄瓜→清洗→去皮→榨汁→过滤→灭菌→冷却→混合

→调配→灭菌→冷却→成品

二、玫瑰茄汁的制备

1. 茶水比对浸提效果的影响

浸提时间为20min，温度为85℃，分别以茶水比为1∶30、1∶50、1∶70、1∶90（g/mL）4个水平对玫瑰茄汁进行浸提，由10人组成的感官评价小组进行评价，将色泽均匀、没有沉淀和分层现象、口感细腻、甜度适中且不酸涩的选为上品。最佳茶水比为1∶70（g/mL），此时香味较足且持续性久，且多酚含量最高，可达588.96mg/kg。

2. 浸提温度对浸提效果的影响

浸提时间为20min，茶水比为1∶70（g/mL），分别以65℃、75℃、85℃、95℃共4个水平对玫瑰茄汁进行评价，由10人组成的感官评价小组进行评价。显示随着浸提温度的升高，多酚的含量也逐渐上升。浸提温度较低时，玫瑰茄汁颜色较浅，茶香味较淡；浸提温度太高，多酚含量较高，但成分会有些许破坏，且口感酸涩。故选取85℃作为最佳浸提条件。

3. 浸提时间对浸提效果的影响

茶水比为1∶70（g/mL），温度为85℃，分别以10min、20min、30min共3个水平对玫瑰茄进行浸提，显示随着时间的延长，多酚含量呈上升趋势。多酚作为一种抗氧化剂，可以清除活性氧自由基，但是过量的茶多酚不仅会影响饮料的口感，还可能对人类的肝脏造成损伤。故本试验最终选取20min作为最佳浸提条件，

多酚含量适中，且玫瑰茄汁色泽均匀。

■■■ 三、玫瑰茄汁制备工艺研究

根据单因素试验结果，选取 A（茶水比）、B（浸提温度）、C（浸提时间）3 个因素，各取 3 个水平进行正交试验，最终得出玫瑰茄汁的最佳浸提条件为温度为 85℃，以茶水比 1 : 70（g/mL）的比例浸提 20min，效果最佳。其影响顺序为 A＞B＞C，即茶水比＞浸提温度＞浸提时间，茶水比对玫瑰茄的提取影响最大，浸提时间对其影响最小。

■■■ 四、复合饮料的配方工艺研究

1. 果蔬汁与玫瑰茄汁比例对复合饮料品质的影响

果蔬汁与玫瑰茄汁比例 2 : 3（体积比）时，调味果蔬茶饮料口感最好，清爽微香，色泽均匀。继续提高果蔬汁添加量，调味果蔬茶饮料的整体品质有所下降，特别是菠萝的颜色影响饮料的整体色泽，并且组织状态和滋味下降略多。而当玫瑰茄添加量所占比例太高时，会使饮料口感整体偏酸。

2. 菠萝汁与黄瓜汁比例对复合饮料品质的影响

菠萝汁与黄瓜汁体积比为 4 : 1 时，复合饮料品质最好。当黄瓜添加量多于菠萝汁时，会掩盖菠萝的香甜，所以会导致甜味不足，整体口感偏酸。而当继续增大菠萝汁添加比例时，会掩盖黄瓜的清爽口感，且易出现苦涩的后味，确定最佳果汁比例为菠萝汁与黄瓜汁体积比 4 : 1。

3. 稳定剂种类对复合饮料的影响

稳定剂种类对调味果蔬茶饮料的影响甚微，但黄原胶具有极强的亲水性，搅拌不充分容易导致外层吸水膨胀成胶团，从而导致溶解不充分，不能完全发挥作用。选取海藻酸钠作为稳定剂。

4. 稳定剂含量对复合饮料的影响

按不同比例添加稳定剂后，于 4℃静置 24h 后观察情况，对其进行感官评价。由于复合饮料制作过程中放置时间较长，可能会出现沉淀和分层现象，选取了海藻酸钠作为稳定剂，结果表明 0.05% 的添加量最好，有利于稳定调味果蔬茶饮料，没有分层和沉淀现象；0.1% 和 0.2% 的添加量则会造成饮料太过黏稠，组织状态较差。

五、复合饮料最佳配方研究

复合型调味果蔬茶饮料的最佳配比为：果蔬汁与玫瑰茄汁体积为 2 ∶ 3，菠萝汁与黄瓜汁体积比为 4 ∶ 1，稳定剂添加量为 0.05%。其中，果蔬汁与玫瑰茄汁的比例对复合饮料的品质影响最大，而稳定剂的添加量对其影响最小。

以黄瓜、菠萝和玫瑰茄为原料，探讨玫瑰茄的最佳浸提条件和调味果蔬茶饮料的最佳配方，得出玫瑰茄的最佳浸提条件为以茶水比 1 ∶ 70（g/mL）的比例在 85℃下浸提 20min；复合饮料最佳配方为果蔬汁与玫瑰茄汁的体积比为 2 ∶ 3，菠萝汁与黄瓜汁体积比为 4 ∶ 1，稳定剂选取海藻酸钠，添加量为 0.05%。调味茶饮料生产周期较短，生产工艺简单，营养价值较高，而且研制的成品组织形态较好，无沉淀和分层，口感细腻香甜，既具有黄瓜的清爽，菠萝的香甜，又具有淡淡的香味，透明度较好。

第三节 玫瑰茄蜂蜜酒酿造技术

一、工艺流程

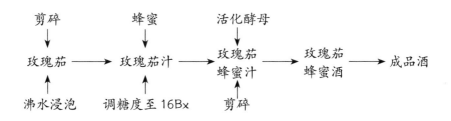

二、发酵工艺参数的研究

1.发酵时间的确定

在发酵过程中，酵母生命活动旺盛，产生大量的热，使温度上升，生成乙醇、CO_2 等。发酵前期，发酵液的糖度较高，黏度较大，产生的 CO_2 在发酵液的表面形成 3~8cm 厚的泡沫层，随着发酵的进行，糖度减小、酵母活动降低，在表面形成的泡沫逐渐消失。进行温度 15℃、玫瑰茄的料液比为 1g/100mL、果胶酶用量 0.3mL/100mL、接种量为 5%、糖度 16Bx 的发酵试验。显示随着发酵的进行，糖度逐渐减少，到第 8 天时，糖度减少的速率变慢，当糖度降到 6Bx 时几乎不再变化。其原因可能是葡萄酒酵母对玫瑰茄蜂蜜酒的发酵只能达到这个水平，因此确定当发酵液的糖度降低到 6Bx 时，确定为发酵的终点。

2.蜂蜜种类对发酵的影响

设定温度 15℃、玫瑰茄 1g/100mL、果胶酶用量 0.3mL/100mL、接种量为 5%、分别用枣花蜜、紫云英蜜、洋槐蜜、荔枝蜜、椴树蜜调糖度至 16Bx 进行发酵试验，结果表明：洋槐蜜和荔枝蜜发酵的蜂蜜酒具有较高的感官评分和透光率，且荔枝蜜较洋槐蜜更容易发酵，故选荔枝蜜作为发酵蜂蜜。

3.酵母种类对发酵的影响

以 15℃发酵，玫瑰茄的料液比为 1g/100mL，果胶酶用量 0.3mL/100mL，用荔枝蜜调糖度至 16Bx，分别接种 5% 的安琪葡萄酒酵母、安琪高活性酵母和安琪甜酒曲，显示接种安琪葡萄酒酵母的蜂蜜酒不仅具有较高的酒精度，即发酵比其他两种酵母容易，而且发酵出来的蜂蜜酒具有较好的感官和透光率。所以，选择安琪葡萄酒酵母作为玫瑰茄蜂蜜酒的发酵酵母。

4. 果胶酶用量对发酵的影响

以玫瑰茄的料液比为 1g/100mL，用荔枝蜜调糖度至 16Bx，分别加上 0mL/100mL、0.15mL/100mL、0.30mL/100mL、0.45mL/100mL、0.60mL/100mL 的果胶酶，接种 5% 的葡萄酒酵母。结果显示：加了果胶酶的蜂蜜酒明显比未加果胶酶的蜂蜜酒容易发酵，且出酒率有所增加；随着果胶酶用量的增加，酒精度逐渐提高，但是透光率和感官评分却随着果胶酶的增加而减小。故选择果胶酶用量的范围为 0.3~0.6mL/100mL 进行优化。

5. 接种量对发酵的影响

以玫瑰茄的料液比为 1g/100mL，用荔枝蜜调糖度至 16Bx，加上 0.45mL/100mL 果胶酶，分别接种 1.0%、2.5%、5.0%、7.5%、10.0%、12.5% 的安琪葡萄酒酵母。结果显示随着接种量的增加，酒精度逐渐上升，透光率先降低后升高，感官评分先升高后降低。所以，选接种量 2.5%~7.5% 进行优化。

6. 玫瑰茄料液比对发酵的影响

以玫瑰茄的料液比为 0g/100mL、0.50g/100mL、0.75g/100mL、1.00g/100mL、1.25g/100mL、1.50g/100mL、2.00g/100mL，用荔枝蜜调糖度至 16Bx，加上 0.45mL/100mL 果胶酶，接种 5% 的葡萄酒酵母。结果显示添加了玫瑰茄的蜂蜜酒明显比未添加玫瑰茄的酒发酵容易，这可能是加上玫瑰茄以后，蜂蜜酒的营养物质及初 pH 更适合发酵；酒精度、透光率和感官评分都是先增加后减少，因此选择玫瑰茄的料液比 0.75~1.25g/100mL 进行优化。

7. 发酵温度对发酵的影响

以玫瑰茄料液比为 1g/100mL，用荔枝蜜调糖度至 16Bx，加上 0.45mL/100mL 果胶酶，接种 5% 的安琪葡萄酒酵母，观察分别在 12℃、15℃、20℃、25℃、28℃ 环境中发酵的情况，对比发酵酒品质。结果显示随着发酵温度的增加，可溶性固形物消耗的速率迅速增加，当发酵温度为 12℃时，发酵进行得非常缓慢，可能是温度太低，酵母的生命活动受到影响，使得可溶性固形物消耗非常缓慢；而温度过高酵母生命活动旺盛，可溶性固形物迅速消耗，发酵过快，使得感官品质降低。因此，选择发酵温度 15~25℃进行优化。

8. 发酵工艺条件的响应面分析

以 Design-Expert 8.0 软件的 Box-Behnken 设计法对玫瑰茄蜂蜜酒的酿造工艺条件进一步优化；以酒精度、感官评分、透光率为响应值；选择发酵温度、果胶酶的用量、接种量、玫瑰茄料液比 4 个因素进行考核，每个因素选择 3 个水平。预测玫瑰茄蜂蜜酒酿造工艺的最佳条件为：发酵温度 20.44℃，果胶酶用量 0.47mL/100mL，接种量 2.5%，玫瑰茄的料液比 1.25g/100mL，在此条件下响应面模型预测的酒精度为 7.25，感官评分为 90.0，透光率为 86.2%。

三、成品酒质量指标

1. 感官指标

色泽：澄清、透明，具有玫瑰茄蜂蜜酒应有的色泽；口味：有新鲜感，酸甜适口，柔细轻快，回味绵延，酒质柔，顺口；香气：具有玫瑰茄蜂蜜的典型香气，酒香浓馥幽郁；风格：典型完美，风格独特，优雅无缺。

2. 理化指标

蜂蜜玫瑰茄酒酒精体积分数为 7.0%（V/V）；总糖质量分数（以葡萄糖计）为 23.31g/L；总酸（以柠檬酸计）为 2.867g/L；挥发酸（以乙酸计）≤ 1.0g/L。

3. 回酒发酵对玫瑰茄蜂蜜酒的增香作用

采用气相色谱—质谱联用技术（GC-MS）比较了不同回酒次数和回酒比例下，酒样香气成分的变化和回酒发酵对玫瑰茄蜂蜜酒的增香作用。结果表明：经过 2 次回酒的玫瑰茄蜂蜜酒中共检出 78 种香气成分；经过 3 次回酒后，香气成分的种类增加到了 87 种，高于原酒的 61 种和陈酿 6 个月的 75 种。经过回酒发酵后，玫瑰茄蜂蜜酒不同成分的相对比例也有较大的变化。原酒的香气成分酯类含有 3.50%，陈酿的玫瑰茄蜂蜜酒的香气酯类成分含有 9.41%，经过 2 次回酒，酯类增加到了 8.96%，仅低于陈酿 6 个月的酒 0.45%；经过 3 次回酒，酯类增加至 14.49%，是原酒的 4.1 倍，陈酿的 1.5 倍。

随着回酒次数的增加，玫瑰茄蜂蜜酒中酸类的含量也随之增加。原酒中含有 6.87% 的酸类，陈酿玫瑰茄蜂蜜酒的香气中只含有 3.39%，而回酒 3 次后酸类增加到 12.67%，远高于原酒和陈酿酒。因此，回酒发酵对增香有作用明显，但考虑到回酒次数会增加玫瑰茄蜂蜜酒中的有机酸，所以回酒次数不应超过 3 次。

随着回酒比例的增加，玫瑰茄蜂蜜酒中香气成分中的酯类和醇类先升高后降低，当回酒比为 10% 时，酯类只占所有香气成分的 5.96%，而当回酒比例达到 15% 和 20% 时，酯类分别占到了 6.85% 和 11.27%。但是随着发酵比例的增加，酸类的含量有所增加，当回酒比在 15% 时，酸类含量在 7.73%；当回酒比增加到 20% 时，酸类增加到 9.96%。在本工艺研究条件下，选择回酒比例在 20% 为最佳。

四、玫瑰茄蜂蜜酒的抗氧化作用

玫瑰茄蜂蜜酒对 DPPH 自由基、超氧阴离子（$O_2^-\cdot$）和羟自由基（$\cdot OH$）都有一定的清除作用。玫瑰茄蜂蜜酒对 DPPH 自由基的平均清除率为 55.24%，对超氧阴离子的清除率在 19.44%~36.64%，对羟自由基的平均清除率能够达到 70.57%。总的来说，玫瑰茄蜂蜜酒具有较好的抗氧化作用。

通过对玫瑰茄蜂蜜酒多酚类、黄酮类和花色苷与抗氧化性的相关性分析发现，玫瑰茄蜂蜜酒中多酚的含量和超氧阴离子清除能力显著相关（$r = 0.769$），和羟自由基清除能力极显著相关（$r = 0.966$）；黄酮含量与超氧阴离子和羟自由基的清除能力相关性不大；花色苷含量和玫瑰茄蜂蜜酒的抗氧化性相关性很弱。

第四节 玫瑰茄醋饮料工艺

一、玫瑰茄花色苷的提取工艺

以莜麦醋溶液为提取剂，研究玫瑰茄花色苷的提取工艺及其影响因素，并通过响应面法将玫瑰茄干花萼放于50℃左右的烘箱中，烘干处理2h，取出将其粉碎，用80目筛筛选，放置备用。称取1.0g的玫瑰茄干粉，放入一定浓度的莜麦醋水溶液，震荡混匀，按照以下的单因素与响应面实验设计对其进行超声波辅助提取，提取结束后在4000r/min下离心30min，得到的上清液即为玫瑰茄莜麦醋提取液。研究出最优组合，为进一步制得营养丰富的玫瑰茄莜麦醋饮料提供依据。

选择莜麦醋浓度、液料比、超声功率、超声时间4个因素进行了单因素及响应面实验，以花色苷得率作为响应值，确定了4种因素的最佳值。莜麦醋浓度单因素试验结果表明，莜麦醋的浓度对玫瑰茄中的花色苷得率影响较大。莜麦醋浓度逐渐增加时，得率不断增大，在莜麦醋浓度为4%时达到最高，随后下降；液料比单因素试验结果表明，花色苷的得率随液料比的增大而不断增加，当液料比为25时达到最大，随后慢慢减小；超声功率单因素试验结果表明，花色苷的得率随超声提取功率的增加不断增加，在功率为80W时达到最大，随后慢慢减小；超声提取时间单因素试验结果表明，花色苷的得率随时间的增加而增大，当时间为40min时得率达到最大，随后随时间的延长，得率减小；在单因素试验的基础上，通过响应面实验分析了莜麦醋浓度、液料比、超声功率、超声时间4个因素对花色苷得率的影响，得到影响花色苷得率的因素的次序分别为液料比＞莜麦醋浓度＞超声时间＞超声功率。通过模型分析得到了实验因素的最佳点：莜麦醋浓度4.36%、液料比26.16、超声功率77.56W、超声时间38.39min，按照此实验因素最佳点进行验证试验，得到花色苷的得率为0.348%，与该回归模型预测值非常接近。

二、玫瑰茄莜麦醋饮料的工艺研究

通过单因素及正交试验，将饮料的感官评分作为指标，研究塔格糖与白砂糖比例、复合糖的添加量、玫瑰茄莜麦醋提取液添加量、蜂蜜添加量及柠檬酸的添加量对饮料的感官的影响，来确定玫瑰茄莜麦醋饮料调配的配比。对饮料进行不同条件的灭菌，确定饮料的最佳灭菌条件，以期得到酸甜可口、口感饱满圆润且营养健康的饮料。还对饮料成品进行抗氧化性及颜色稳定性的研究。

1. 复合糖的添加量对饮料感官的影响

塔格糖与白砂糖作为甜味剂加入饮料中，可以有效缓解玫瑰茄莜麦醋提取液带来的酸味，达到酸甜可口的效果。随着复合糖添加量的增多，玫瑰茄莜麦醋饮料的感官评分增加，当达到6%时评分最高，随后降低。这是因为随着复合糖添加量的增多，饮料的甜度上升，口感变好，到6%时基本可以达到酸甜可口的程度，但当糖的添加量再增多，饮料就会让人产生一种甜腻的感觉，因而感官评分下降。

2. 玫瑰茄莜麦醋提取液的添加量对饮料感官的影响

玫瑰茄莜麦醋提取液兼有醋香味及玫瑰茄的清香味，是饮料的主要味道，其添加量的大小直接影响到饮料的品质。开始时饮料的感官评分随玫瑰茄莜麦醋提取液的增加而增大，到30%时最大，随后减少，这是因为开始时随着提取液的增加，饮料的醋香味及玫瑰茄的清香味增加，但是提取液的添加量过大时，饮料的酸味过重且伴有玫瑰茄的苦味，因而评分下降。

3. 柠檬酸的添加量对饮料感官的影响

当柠檬酸添加量增多时，饮料的感官评分增大，当添加至0.08%时达到最大，随后减小。这是因为柠檬酸的加入可以增加饮料的酸味，提高饮料的口感，减少醋与玫瑰茄的酸味的刺激性，但是过多的柠檬酸，会导致饮料过酸，使得饮料口感变差，感官评分下降。

三、饮料质量评价

对得到的饮料成品进行理化指标、微生物指标及特征指标的检验，测得的菌落总数小于10CFU/mL，大肠菌群小于3MPN/100mL，致病菌未检出，其中花色苷含量为3.43mg/100mL，川芎嗪含量为0.03mg/100mL。得到的玫瑰茄莜麦醋饮料呈现较美观的酒红色，透明有光泽，香气浓郁，有玫瑰茄特有的清香味及醋香味，酸甜适口，口感圆润饱满，没有杂质或明显的沉淀、悬浮物。

饮料成品贮存过程中的DPPH自由基清除率的变化测定结果表明，4个月以内其DPPH自由基清除率逐渐下降，第4个月时下降速率变慢，清除率保持在60%左右，抗氧化效果仍然非常显著。

玫瑰茄莜麦醋饮料成品颜色的稳定性实验结果表明，相比于没有进行避光处理的饮料而言，进行避光处理的饮料的颜色能够保持很好的酒红色。

第五节 玫瑰茄花色苷微胶囊

采用喷雾干燥法制备玫瑰茄花色苷微胶囊，研究壁材组成、芯壁比、固形物含量、进风温度、进料流速对微胶囊化效率及产率的影响，表征产物性能，获得理化性质稳定的玫瑰茄花色苷微胶囊产品，使玫瑰茄花色苷更加广泛、有效地开发应用。

一、喷雾干燥法各因素对玫瑰茄花色苷微胶囊化效果的影响

1. 壁材组成对玫瑰茄花色苷微胶囊化效果的影响

微胶囊化效率及产率均随魔芋胶比例增加而减小，这是由于魔芋胶与卡拉胶易形成凝胶或成膜，壁材溶液体系黏度增大，花色苷粉末不易被混合体系有效包埋，造成喷雾效果差、产品形态差，如颗粒不规则、不光滑，部分呈片状，易堵塞雾化器口等影响。因此选用 0∶15（g/g）卡拉胶作为壁材，此时微胶囊化效率及产率均为最高值。

2. 芯壁比对玫瑰茄花色苷微胶囊化效果的影响

随着芯壁比增加，微胶囊产品的微胶囊化效率先增大后减小。这是由于当芯材在一定浓度范围内时，壁材具有包埋芯材的能力，增加芯材比例，包埋率增加；继续增加芯材比例，壁材包覆的负荷增大，壁材胶囊壁强度减弱，料液在雾化造粒及干燥过程中不耐摩擦或挤压，降低壁材对芯材的包埋效果，从而微胶囊化效率降低。此外，随着芯壁比增加，微胶囊产品产率先逐步增加后趋于平衡最后逐渐降低。这是由于随着初始花色苷质量浓度增大，微胶囊产品中花色苷质量浓度也增大，总体比值增大；随着初始花色苷质量浓度继续增大，未被包埋的花色苷即吸附于微胶囊表面的花色苷质量浓度增多，表面吸附的花色苷受喷雾干燥高温损坏，因此微胶囊化产品中花色苷质量浓度相比初始加入的质量浓度降低，体现在比值上从较平稳到逐渐降低。因此，芯壁比选取 2∶15（g/g）。

3. 总固形物质量浓度对玫瑰茄花色苷微胶囊化效果的影响

随着总固形物质量浓度增加，微胶囊化效率先上升后下降，这是由于体系质

量浓度太稀薄时，壁材不能形成连续的均匀的网络结构，不能很好地包覆芯材，体系不耐喷雾干燥的高温，此时微胶囊化效率比较低。总固形物质量浓度增加，有助于喷雾干燥过程中胶囊壁的形成及增强囊壁的致密性，包埋效果增加。但是，由于卡拉胶及花色苷粉末均具有黏性，总固形物质量浓度过高时，体系黏度过高，使得料液的雾化难度增大，干燥筒壁粘连现象严重，产品易形成薄膜状，影响喷雾效果，因此微胶囊化效率降低。微胶囊化的产率先期提高较快，后期趋于平稳，同样可以解释为前期体系质量浓度较低，不耐高温，在喷雾干燥过程中囊壁的成膜情况较差，从而影响微胶囊化效率，加入的花色苷受喷雾干燥高温的影响而损失，因此产率较低；随着总固形物质量浓度增加，较多的固形物能够耐受喷雾干燥的高温，微胶囊产品中的玫瑰茄花色苷质量浓度增加，因此产率提高。因此，选取总固形物质量浓度 1.7g/L 为优化条件。

4. 进风温度对玫瑰茄花色苷微胶囊化效果的影响

随着进风温度提高，微胶囊化效率和产率均先上升后下降。这是由于进风温度较低时，微胶囊化产品水分较高，产品黏稠、不松散，部分呈团块状，壁材不能很好包裹住花色苷；进风温度过高时，花色苷受高温降解，产品颜色较浅，微胶囊化效率和产率均下降；进风温度合适时，产品干燥、松散，呈均匀颗粒状，为紫红色，此时微胶囊化效率和产率均最高。因此，进风温度选择 160℃。

5. 进料速度对玫瑰茄花色苷微胶囊化效果的影响

随着进料速度提高，玫瑰茄花色苷微胶囊化效率和产率均为先增加后下降。这可能是由于进料速度较慢时，料液与热风温度作用时间较长，花色苷质量浓度有所损失，因此包埋效果不佳；进料速度达到 20mL/min 后，包埋效果亦降低，这可能是由于进料速度过大，物料雾化效果降低，液滴的大小不均匀，从而影响产品的颗粒度及致密性。溶剂蒸发不充分，出口温度降低，产品含水量较高。微胶囊化产品在较高出口温度及较多水分的条件下，内部花色苷易氧化变质。因此，进料速度选择 20mL/min。

■ 二、玫瑰茄花色苷微胶囊产品评价

在单因素优化条件下，所得玫瑰茄花色苷微胶囊呈紫红色粉末状，产品的微胶囊化效率为 95.75%，产率为 94.18%。

1. 红外光谱分析

花色苷的红外光谱可看出，3420cm^{-1} 处显示酚类 O–H 伸缩振动的吸收带，2930cm^{-1} 和 2640cm^{-1} 处显示苯环的 C–H 伸缩振动峰，1720cm^{-1} 处 C=O 可能来自花色苷糖残基上的乙酰化结构，1630cm^{-1} 处可能是芳烃骨架 C=C 键伸缩振动吸收峰，说明该花色苷中含有大量苯环结构，波数 1380cm^{-1} 可能是甲氧基 C–H 面内弯曲振动吸收峰，波数 1280cm^{-1} 可能为酚羟基的 C–O 伸缩振动，1040cm^{-1} 可能为醇羟基的 C–O 伸缩振动吸收峰。

κ – 卡拉胶的红外光谱可知，3450cm^{-1} 处为羟基的特征吸收峰，2900cm^{-1} 为 C–H 的伸缩振动，1640cm^{-1} 为糖的水化物的吸收峰，1250cm^{-1} 处较强的吸收峰为 S=O 伸缩振动，表明多糖含有硫酸根，1160cm^{-1} 处则为醚类的 C–O–C 特征峰，1060cm^{-1} 处是连接羟基的 C–O 的伸缩振动吸收峰，926cm^{-1} 处为 α–D–3,6 内醚半乳糖上 C–O–C 的特征吸收峰，而 849cm^{-1} 处的吸收峰为 C4 硫酸化的特征吸收，即半乳糖 C4–O–S 的伸缩振动吸收峰。

比较玫瑰茄花色苷微胶囊、κ – 卡拉胶及花色苷的红外光谱可知，玫瑰茄花色苷中 1720cm^{-1} 及 1630cm^{-1} 处的特征峰消失，说明玫瑰茄花色苷被卡拉胶成功包埋。

2. 扫描电镜分析

喷雾干燥玫瑰茄花色苷微胶囊基本成球形，表面光滑，未发现囊壁有破裂情况，说明芯材被壁材全部包裹。偶有微胶囊颗粒表面有凹陷、突起现象或呈不规则形态。凹陷可能是由于在喷雾干燥过程中，雾化液滴迅速蒸发产生收缩或者在喷金过程中抽真空所导致的，而凸起可能是少量未被包埋的花色苷吸附在胶囊壁表面所导致。

三、结论

采用喷雾干燥制备玫瑰茄花色苷微胶囊，通过单因素试验确定的最佳制备条件参数为：壁材采用卡拉胶，芯壁比 2 ： 15（g/g），总固形物质量浓度 1.7g/L，喷雾进风温度 160℃，进料流速 20mL/min。在此条件下，产品的微胶囊化效率为 95.75%，产率为 94.18%。花色苷能够被卡拉胶有效包埋或与卡拉胶通过静电作用形成稳定的复合物；喷雾干燥微胶囊产品颗粒干燥、松散，结构完整，表面光滑，呈均匀的圆形或椭圆形，颜色为紫红色。有利于玫瑰茄花色苷在食品工业中的开发应用。

第六节　玫瑰茄果冻配方与加工工艺

▰ 一、工艺流程

白砂糖→溶解┬离心←浸提←玫瑰茄花萼
　　　　　　│
胶凝剂 →溶胶煮→过滤→混合→调配 →灌装→灭菌→冷却→成品

▰ 二、果冻配方影响因素分析

1. 复合凝胶剂配比

以魔芋粉、卡拉胶、黄原胶、琼脂组成复合凝胶剂，按不同比例制作果冻，研究其对果冻感官品质的影响。当魔芋粉、卡拉胶、黄原胶、琼脂比例为 2 : 3 : 1 : 1（质量比）时，果冻软硬适中，口感细腻，均匀一致，具有良好的弹性、韧性和咀嚼性，口味清爽，感官品质良好。

2. 复合凝胶剂添加量

当复合凝胶剂用量低于 0.45% 的时候，果冻偏软，缺乏咀嚼性，随着凝胶剂添加量的增加，果冻的咀嚼性和感官评分均在上升。当添加量为 0.5% 时，果冻的感官评分最高，软硬适中，有咀嚼性，弹性韧性较好。但当超过 0.55% 的时候果冻的咀嚼性和感官评分呈下降趋势。这是由于凝胶剂过量，则凝固过快且具有颗粒感，导致果冻组织状态不均匀。

3. 白砂糖添加量

白砂糖添加量为 12.5% 时，果冻感官品质最好。当白砂糖添加量 ≤ 10% 时，果冻甜度不明显，偏淡；随着白砂糖量的添加，果冻的硬度也增加，比较脆，咀嚼性一般，当添加量 ≥ 17.5% 时，甜味太重且脆性和硬度增大，咀嚼性变差。综合考虑，选择添加量为 12.5%。

4. 柠檬酸添加量

柠檬酸含量过低和过高都会影响果冻的感观评分和咀嚼性，当柠檬酸添加量

≤ 0.18% 时，果冻酸味不明显，偏淡，口感粗糙；当柠檬酸添加量 ≥ 0.36% 时，果冻酸味过重，影响果冻口感，咀嚼性也不好，这是由于柠檬酸对胶体的水解作用。因此，选择添加量为 0.3% 为最佳添加量。

5. 玫瑰茄汁添加量

当玫瑰茄汁添加量 3% 时，果冻颜色呈红宝石色，透明，具有玫瑰茄特有的风味，感官评分最高。但是由于玫瑰茄中含有较多的有机酸，会与柠檬酸产生协同作用，故当加入量超过 3% 时，果冻颜色为深红色，酸涩味变重，且果冻偏软，咀嚼性偏差。因此，玫瑰茄汁添加量为 3% 时为宜。

三、玫瑰茄果冻最佳配方

采用魔芋胶、卡拉胶、琼脂和黄原胶 4 种凝胶剂进行复配，得出制作果冻复合胶的最佳配比为魔芋胶∶卡拉胶∶琼脂∶黄原胶＝ 2 ∶ 3 ∶ 1 ∶ 1（质量比）。通过 Design Expert 8.0.5.0 软件进行响应面优化，得到最佳配方为：以 100g 果冻质量为基准，凝胶剂用量 0.5%，白砂糖用量 13.5%，柠檬酸用量 0.4%，玫瑰茄汁用量 3.2%。在该条件下制得的果冻外形完整、弹性适宜、酸甜可口、口感细腻、质地均匀，色泽呈鲜明的红宝石色，有玫瑰茄独特的风味。

第七节 玫瑰茄华夫饼配方和工艺

■ 一、工艺流程

①蛋黄、黄油、白砂糖、盐、低筋面粉、玫瑰茄浸提液→蛋黄面糊→过筛→蛋黄糊；
②蛋白＋食醋→打发→蛋白；①＋②＋混合面糊→模具油涂→模具油涂→装模
→烘烤→冷却→华夫饼

■ 二、玫瑰茄华夫饼配方影响因素分析

1. 面粉添加量对玫瑰茄华夫饼品质的影响

随着面粉添加量的增加，感官评分先增加后下降，硬度先下降后上升。当面粉添加量为 50% 时，华夫饼的感官评分最高，硬度最低，口感适中，外形完整无裂痕。当面粉添加量低于 50% 时，面糊混合时比较稀稠，产品的水分含量偏高，导致华夫饼会明显地黏牙，外表有轻微的收缩，硬度偏大，感官评分较低。当面粉添加量大于 50% 时，硬度出现较大的上升，这是由于面糊在混合时比较黏稠，面糊的蓬松度降低，焙烤完产品上表面出现较大裂痕和不均匀的焦黄色，感官评分也相应降低。因此，选择面粉添加量在 50% 为宜。

2. 白砂糖添加量对玫瑰茄华夫饼品质的影响

随着白砂糖添加量的增加，感官评分先升高后下降，产品硬度呈先下降后升高趋势。当白砂糖添加量为 35% 时，感官评分最高，甜味及软硬适中，口感较好。这是由于白砂糖对面粉的吸水性产生影响，在蛋黄糊混合时白砂糖水溶液能够降低面粉的吸水性。当白砂糖添加量降低时，面粉吸水性上升，面糊的黏稠度会上升，面粉形成较多的筋力，因而产品的硬度较大。当白砂糖添加量＜ 35% 时，蛋黄糊逐渐变黏稠，难以过筛，产品有大孔洞，甜味太淡，感官评分低。当白砂糖添加量＞ 35% 时，蛋黄糊比较稀稠，随着白砂糖添加量的增加，华夫饼冷却后表面易出现白砂糖反砂现象，硬度上升，感官评分降低。当白砂糖添加量为 55% 时，此添加量超过白砂糖在蛋黄糊中的饱和溶解度，蛋黄糊过筛出现少量未溶解的白砂

糖颗粒，产品出烤箱后表面出现一层析出的粉状白砂糖，产品表面有裂痕，甜味重，硬度偏大，感官评分偏低。因而，选用 35% 的白砂糖添加量。

3. 黄油添加量对玫瑰茄华夫饼品质的影响

随着黄油添加量的增加，玫瑰茄华夫饼的感官评分先上升后下降，硬度先下降后上升。产品不添加黄油时，口感粗糙，硬度偏大，面粉与鸡蛋的气味过重，感官评分偏低。当黄油添加量超过 30% 时，华夫饼表面有明显油光，油脂会导致蛋白消泡，产品硬度增大，组织出现大孔洞，口感变差。综合考虑，选择黄油添加量选择 20% 为宜。

4. 玫瑰茄浸提液浓度对玫瑰茄华夫饼品质的影响

随着玫瑰茄浸提液浓度的增加，产品的硬度呈上升趋势。这可能是由于随着玫瑰茄浸提液浓度的增加，浸提液中可溶性固形物含量增加，果胶含量增加明显，果胶与面粉蛋白质相互作用易形成凝胶，使玫瑰茄华夫饼的硬度上升。当玫瑰茄浸提液质量浓度 < 0.15g/mL 时，产品酸味不明显，玫瑰茄的特殊风味略淡，色泽呈淡紫色；当玫瑰茄浸提液质量浓度 > 0.15g/mL 时，产品酸涩味偏重，影响产品口感。因此，选择玫瑰茄浸提液质量浓度为 0.15g/mL。

5. 烘焙时间和温度的确定

烘焙时间 17min，烘焙温度在上火 160℃、底火 130℃时，产品感官评分最高。华夫饼在烘焙 15min 时，出烤箱后收缩形变严重，食用时黏牙，蓬松感差，孔洞较少。当烘焙超过 17min 时，口感偏硬，华夫饼边缘处出现明显的焦煳状，表面出现不均匀的焦黄色。

▬ 三、玫瑰茄华夫饼最优工艺研究

在单因素试验结果的基础上，以感官评分和硬度为评价指标，进行 $L_9(3^4)$ 正交试验，结果显示各因素对玫瑰茄华夫饼感官评分影响的主次顺序依次为黄油添加量 > 玫瑰茄浸提液浓度 > 面粉添加量 > 白砂糖添加量；各因素对玫瑰茄华夫饼硬度影响的主次顺序依次为面粉添加量 > 黄油添加量 > 玫瑰茄浸提液浓度 > 白砂糖添加量。确定出玫瑰茄华夫饼最佳配方和烘焙工艺条件：以 60g 鸡蛋为基准，面粉添加量 60%，白砂糖添加量 35%，黄油添加量 20%，20g/100mL 玫瑰茄浸提液 40%，0.5g 食盐与 2 滴食醋，上火 160℃、底火 130℃，烘焙时间 17min。此工艺条件下烘焙制成的玫瑰茄华夫饼呈淡紫红色，表面色泽均匀，无焦煳现象，松软适口，有玫瑰茄的酸味及香味；外形完整，厚薄均匀，表面无裂痕；内部结构细密均匀、无大孔洞，食之爽口，味道纯正，不黏牙，酸甜适中，既有黄油特殊的奶香味又拥有特殊的玫瑰茄风味。

第八节 玫瑰茄蛋糕加工工艺

一、工艺流程

玫瑰茄干花萼 →粉碎→过筛←混合←低筋面粉、玉米淀粉

蛋白、白糖、柠檬汁→溶解→装模→烘焙→冷却→脱模→成品

二、玫瑰茄蛋糕影响因素分析

1. 玫瑰茄添加量

玫瑰茄粉为 2.5g 时，蛋糕的感官评分最高。当玫瑰茄粉用量过少时，蛋糕缺乏玫瑰茄应有的风味和颜色，玫瑰茄用量过多则蛋糕口味偏酸涩，口感不适；且随着玫瑰茄的用量增加，蛋白糊水分失调，搅拌过程蛋白消泡明显，蛋糕的膨松度减小，组织不够细腻，感官评分降低。因此，选用玫瑰茄添加量为 2.5g。

2. 低筋面粉添加量

低筋面粉用量为 30g 时，蛋糕品质最好。低筋面粉用量过少，蛋糕体没有面粉支撑，成品不坚挺，口感松弛，切面孔洞大；随着低筋面粉用量增加，蛋糕体结构密实，同时也因为低筋面粉导致结构过于紧实，蛋白搅拌消泡，达不到理想的容重比，也达不到理想的组织结构，以导致蛋糕芯部结构粗糙，外观会受到影响。因此，选择低筋面粉用量为 30g。

3. 玉米淀粉添加量

玉米淀粉的添加量对玫瑰茄蛋糕的感官评分有较大影响，当玉米淀粉添加量为 5.5g 时，蛋糕的感官评分最高。玉米淀粉无筋度，做蛋糕更容易起发，玉米淀粉添加越多，蛋糕越松软，口感越好。但是添加过多，会导致蛋糕组织松散，不足以支撑起体积，影响蛋糕的外观和组织结构，口感不够紧实。

4. 柠檬汁添加量

随着柠檬汁添加量的增加，感官评分先增加后降低。适量加入柠檬汁，可以

增加蛋糕的产率、稳定蛋糕的组织结构，这是由于柠檬汁在蛋白打发中，能够起到维持蛋白稳定的作用，使蛋白起发效果更佳，不容易消泡，体积更稳定。且加入柠檬汁，还能起到中和蛋白碱性，保护玫瑰茄花青素色泽的作用。这是由于玫瑰茄在碱性条件下易变成淡蓝色，在酸性条件下则颜色较稳定。但是，当柠檬汁用量太大时，蛋糕水分过多，口感发酸，会产生不良的风味和色泽，降低了蛋糕的感官评分。因此，柠檬汁添加量在 3.5g 为最佳。

5. 蛋白添加量

在一定范围内，随着蛋白添加量的增加，蛋糕的感官评分先高后低，这是由于随着蛋白增加，则面粉含量过低，不足以支撑起蛋白糊的体积，导致组织松散，容易收缩变形，没有蛋糕的口感，且柠檬汁不足以中和蛋白的碱性，产品色泽不好，影响其感官评价。因此，选用 100g 的蛋白添加量。

6. 白砂糖添加量

在一定范围内，随着白砂糖添加量的增加，玫瑰茄蛋糕的感官评分先高后低，当白砂糖添加量为 55g 时，感官评分最高。这是由于糖溶化后可以使蛋清更黏稠，打发更容易，打发出的泡沫也更稳定，蛋白发起效果更佳，不容易消泡，体积更稳定。因此，适当添加白砂糖，蛋糕松软可口；当添加过量时，蛋糕产生甜腻感，焦糖味明显，且蛋糕冷却后糖反砂硬化，因此选用 55g 白砂糖添加量。

三、玫瑰茄蛋糕制作最佳工艺研究

通过 Design-Expert 软件优化得到的最佳工艺条件为：玫瑰茄添加量为 2.62g、柠檬汁添加量为 3.30g、蛋白添加量为 99.08g、白砂糖添加量为 56.88g。在此条件下，玫瑰茄蛋糕感官评分的预测值为 90.58 分。为了实际操作方便，将工艺条件修正为：玫瑰茄添加量为 2.5g、柠檬汁添加量为 3.5g、蛋白添加量为 100g、白砂糖添加量为 55g，在此条件下进行 3 次平行验证试验，得到实际产品的感官评分为 92.5 分，与预测值较接近，说明响应面法优化玫瑰茄蛋糕工艺参数的可行性。所得成品呈玫红色，组织均匀蓬松，无大气孔，无粉粒，松软可口。

通过响应面试验设计，确定玫瑰茄天使蛋糕的最佳配方：蛋白 100g、白砂糖 55g、低筋面粉 30g、玫瑰茄粉 2.5g、水 10g、玉米淀粉 5.5g、柠檬汁 3.5g、盐 0.5g；最佳加工条件为底火 170℃、面火 160℃，烘烤 40min。

参考文献

［1］蔡贤坤，及晓东，吴国琛．玫瑰茄挥发性香气的研究［J］．食品科技，2018(12)：332-335.

［2］晁晴晴，胡亚琦，杜新永，等．玫瑰茄花青素的提取分离研究进展［J］．山东科学，2016(5)：41-46.

［3］陈沁雯，林胜岚，刘斌雄，等．不同干燥方法对玫瑰茄品质的影响及其花青素的提取工艺优化［J］．食品研究与开发，2020(8)：75-82.

［4］董莎莎，宝福凯，吕青，等．玫瑰茄挥发油的 GC-MS 分析及其抗菌活性研究［J］．大理学院学报，2009(6)：1-4.

［5］杜金华．玫瑰茄高产细胞系的筛选及促进产物积累的研究［D］．广州：华南理工大学，1997.

［6］段云剑．玫瑰茄花色苷的提取纯化及活性研究［D］．福州：福州大学，2018.

［7］方幼兰，林曦，林爱琴，等．玫瑰茄总皂甙的单体分离与结构分析［J］．厦门大学学报(自然科学版)，2004(5)：657-661.

［8］冯潇．磷硼复合作用对玫瑰茄不同品种生理及养分积累的影响［D］．福州：福建农林大学，2012.

［9］冯艳群．玫瑰茄多糖对 X 射线损伤小鼠防护作用的研究［D］．长春：吉林大学公共卫生学院，2014.

［10］高华．玫瑰茄不同品种生理生化特性差异研究［D］．福州：福建农林大学，2012.

［11］葛婷婷，高瑜，郑大恒，等．两种工艺酿造玫瑰茄米酒品质及抗氧化活性的研究［J］．生物技术进展，2019(1)：78-83.

［12］巩僖，王志权，谭晓雨，等．玫瑰茄杨梅果酒发酵过程成分变化研究［J］．现代食品，2019(21)：107-109，114.

［13］郭宏，彭义交，吕晓莲，等．膜分离技术集成在玫瑰茄色素加工中的应用［J］．食品科学，2011(14)：341-345.

［14］洪璇，陈仲巍，王丽霞，等．玫瑰茄果冻的配方与加工工艺研究［J］．

食品研究与开发 ,2017(4)：76–82.

［15］洪璇，王丽霞，陈仲巍，等 . 玫瑰茄天使蛋糕加工工艺的研究［J］.
食品研究与开发 ,2017(18)：82–86,189.

［16］洪璇，王丽霞，赖志源 . 玫瑰茄华夫饼的配方与工艺条件的优化［J］.
食品工业 ,2018(10)：36–40.

［17］侯文焕，赵艳红，廖小芳，等 . 采收时间对玫瑰茄萼片产量及营养
成分的影响［J］. 核农学报 ,2020(11)：2623–2627.

［18］侯学文 . 悬浮培养玫瑰茄细胞的生长及泛醌合成的代谢调控［D］.
广州：华南理工大学 ,1998.

［19］谢学方，李艺坚，丰明，等 . 玫瑰茄栽培及其在食品工业应用研究
进展［J］. 食品研究与开发 ,2019(2)：178–182.

［20］许立松，马银海 . 大孔树脂吸附法提取玫瑰茄红色素［J］. 食品科
学 ,2009(12)：120–122.

［21］杨丹丹 . 玫瑰茄莜麦醋饮料的工艺研究［D］. 济南：齐鲁工业大
学 ,2016.

［22］张文莉 . 玫瑰茄挥发油和多糖的成分分析与结构鉴定及其抗炎、免
疫活性评价［D］. 广州：华南理工大学 ,2016.

［23］张学才，张作焕 . 光照对玫瑰茄开花和结籽的影响［J］. 植物生理
学通讯 ,1987(2)：38–40.

［24］章建浩，陈松，刘海斌，等 . 食用玫瑰茄红色素的稳定性研究［J］.
食品科技 ,2001(1)：49–51.

［25］郑大恒 . 玫瑰茄多糖的分离纯化、结构表征、免疫活性及其机制研
究［D］. 南京：江苏大学 ,2018.

［26］郑大恒，王未，李倩，等 . 响应面法优化玫瑰茄粗多糖提取工艺及
其抗氧化活性的研究［J］. 生物技术进展 ,2018(2)：161–168,191.

［27］Adisakwattana S, Ruengsamran T, Kampa P, et al. In vitro inhibitory
effects of plant–based foods and their combinations on intestinal α–glucosidase
and pancreatic α–amylase［J］. Bmc Complementary & Alternative Medicine,
2012,12(1): 110.

［28］Ajiboye T O, Salawu N A, Yakubu M T, et al. Antioxidant and drug
detoxification potentials of *Hibiscus sabdariffa* anthocyanin extract［J］. Drug &

Chemical Toxicology, 2011,34(2): 109.

［29］Akanbi W B, Olaniyan A B, Togun A O, et al. The Effect Of organic and inorganic Fertilizer on Growth, Calyx Yield and Quality of Roselle (*Hibiscus Sabdariffa* L.)［J］. American–Eurasian Journal of Sustainable Agriculture, 2009,3(4): 652–657.

［30］Ali S a E, Mohamed A H, Mohammed G E E. Fatty acid composition, anti–inflammatory and analgesic activities of *Hibiscus sabdariffa* Linn. seeds［J］. Journal of Advanced Veterinary & Animal Research, 2014,1(2): 50–57.

［31］Antonia Y T, Nii A A, Nancy C, et al. Genetic diversity, variability and characterization of the agro–morphological traits of Northern Ghana Roselle (*Hibiscus sabdariffa* var. *altissima*) accessions［J］. African Journal of Plant Science, 2019,13(6): 168–184.

［32］Chiu C T, Hsuan S W, Lin H H, et al. *Hibiscus sabdariffa* Leaf Polyphenolic Extract Induces Human Melanoma Cell Death, Apoptosis, and Autophagy ［J］. Journal of Food ence, 2015,80(1–3): H649–H658.

［33］Da–Costa–Rocha I, Bonnlaender B, Sievers H, et al. *Hibiscus sabdariffa* L. – A phytochemical and pharmacological review［J］. Food Chemistry, 2014,165.

［34］Daudu O a Y, Falusi O A, Gana S A, et al. Assessment of Genetic Diversity among Newly Selected Roselle (*Hibiscus sabdariffa* Linn.) Genotypes in Nigeria Using RAPD–PCR Molecular Analysis［J］. World Journal of Agricultural Research, 2016,4(3): 64–69.

［35］Erl–Shyh, Kao, Jeng–Dong, et al. Polyphenols Extracted from *Hibiscus sabdariffa* L. Inhibited Lipopolysaccharide–Induced Inflammation by Improving Antioxidative Conditions and RegulatingCyclooxygenase–2 Expression［J］. Bioence, Biotechnology, and Biochemistry, 2009,73(2): 385–390.

［36］Evans D, Al–Hamdani S. Selected physiological responses of roselle (*Hibiscus sabdariffa*) to drought stress［J］. Journal of Experimental Biology and Agricultural Sciences, 2015,3(6): 500–507.

［37］Mohamed B B, Sulaiman A A, Dahab A A. Roselle (*Hibiscus sabdariffa* L.) in Sudan, Cultivation and Their Uses［J］. Bulletin of Environment, Pharmacology and Life Sciences, 2012,1(6): 48–54.

［38］Ochani P C, D'mello P. Antioxidant and antihyperlipidemic activity of

Hibiscus sabdariffa Linn. leaves and calyces extracts in rats ［J］. Indian Journal of Experimental Biology, 2009,47(4): 276.

　　［39］Okosun L A, Magaji M D, Yakubu A I. The Effect of Nitrogen and Phosphorus on Growth and Yield of Roselle (*Hibiscus* sabdariffa var. *sabdariffa* L.) In a Semi Arid Agro–Ecology of Nigeria ［J］. Journal of Plant Sciences, 2010,5(2): 194–200.

附录
玫瑰茄资源评价的主要观测内容及标准

1. 试验地点

试验种植的地点。省、市（县）、乡、村、自然村或组。

2. 试验地的基本情况

如土壤质地（沙壤、黏壤、壤土等）、排灌条件、四周的植被、前茬作物等。

3. 物候期观察

（1）播种日期

进行玫瑰茄种质形态特征和生物学特性鉴定时的实际种子播种日期。用"年月日"表示，格式为"YYYYMMDD"。

（2）出苗期

50% 幼苗子叶展平的日期。用"年月日"表示，格式为"YYYYMMDD"。

（3）现蕾期

50% 植株现蕾（蕾大小为肉眼可见）的日期。用"年月日"表示，格式为"YYYYMMDD"。

（4）开花期

50% 植株开花（花冠完全张开）的日期。用"年月日"表示，格式为"YYYYMMDD"。

（5）始收期

花萼第一次采收的日期。以"年月日"表示，格式为"YYYYMMDD"。

（6）末收期

花萼最后一次收获产品的日期。以"年月日"表示，格式"YYYYMMDD"。

（7）种子成熟期

1/2 以上的植株，其单株 1/2 以上的种皮变成褐色的日期。用"年月日"表示，格式为"YYYYMMDD"。

（8）全生育期

从出苗期至种子成熟期的日数。单位为天。

4. 生物学特性

（1）子叶形状

第一片真叶展开时，玫瑰茄子叶的形状，分为卵圆形、椭圆形和长椭圆形。

（2）子叶色

第一片真叶展开时，玫瑰茄子叶的颜色，分为浅绿、黄绿、绿、深绿和红。

（3）子叶状态

第一片真叶展开时，玫瑰茄子叶的状态，分为平展和上冲。

（4）下胚轴色

第一片真叶展开时，玫瑰茄下胚轴颜色，分为绿和红。

（5）植株形态

现蕾期，玫瑰茄植株的形态，分为直立、半直立和匍匐。

（6）株高

初花期，每株从主茎基部到主茎枝顶端的高度。单位为 cm，精确到 0.1cm。

（7）茎粗

初花期，主茎基部的粗度。单位为 cm，精确到 0.1cm。

（8）分枝习性

初花期，单株的有效分枝数和次级分枝的发生情况，分为弱、中和强 3 级。

①弱：分枝数＜10；

②中：分枝数 10~30；

③强：分枝数＞30。

（9）第一分枝高

初花期，玫瑰茄主茎基部到第一个分枝所在的节位距离。单位为 cm，精确到 0.1cm。

（10）分枝数

初花期，从主茎上发出的分枝个数。单位为个。

（11）主茎节数

初花期，植株从子叶节到主茎枝顶端的节数。单位为节，精确到整位数。

（12）节间长度

初花期，株高与主茎节数的比值。单位为 cm，精确到 0.1cm。

（13）叶姿

玫瑰茄叶角为叶片与主茎的夹角。现蕾期，按叶角大小和叶着生姿态确定叶姿，分为直立、水平和下垂。

（14）叶形

现蕾期，玫瑰茄植株中部完整叶片的形状，分为全叶、浅裂、深裂和全裂。

（15）叶色

现蕾期，玫瑰茄植株中部正常叶片的正面颜色，分为浅绿、黄绿、绿、深绿和红色。

（16）叶毛

现蕾期，玫瑰茄叶片表面绒毛的有无和密度，分为无、稀少、中等和浓密。

（17）叶刺

现蕾期，玫瑰茄植株叶片表面叶刺状况，分为无和有。

（18）叶片长度

现蕾期，玫瑰茄生长点以下倒数第五片、第八片和第十片完全展开叶为观测对象，测量每片叶从基部至叶尖端的距离。单位为 cm，精确到 0.1cm。

（19）叶片宽度

现蕾期，每株玫瑰茄生长点以下倒数第五片、第八片和第十片完全展开叶最宽处的距离。单位为 cm，精确到 0.1cm。

（20）叶面积

现蕾期，玫瑰茄生长点以下倒数第五片、第八片和第十片完全展开叶的叶面积。单位为 cm^2，精确到 $0.01cm^2$。

（21）叶缘锯齿大小

现蕾期，玫瑰茄生长点以下倒数第五片、第八片和第十片完全展开叶的叶缘锯齿的大小，分为小、中和大。

（22）叶柄色

现蕾期，玫瑰茄植株中部叶柄表面的颜色，分为浅绿、绿、深绿、淡红、红和紫。

（23）叶柄表面

现蕾期，玫瑰茄植株叶柄表面毛刺状况，分为光滑、少毛和多毛。

（24）叶柄长度

现蕾期，玫瑰茄生长点以下倒数第五片、第八片和第十片完全展开叶的叶柄长度。单位为 cm，精确到 0.1cm。

（25）腋芽

现蕾期，玫瑰茄植株茎节上腋芽的有无。

（26）叶柄粗

现蕾期，玫瑰茄生长点以下倒数第五片、第八片和第十片完全展开叶的叶柄粗度。单位为 cm，精确到 0.1cm。

（27）托叶的大小

现蕾期，每份种质的托叶有无和大小。

（28）托叶形状

现蕾期，玫瑰茄植株托叶形状，分为线形和叶形。

（29）托叶颜色

现蕾期，玫瑰茄植株托叶的颜色，分为绿和红。

（30）叶面叶脉色

现蕾期，玫瑰茄植株中部叶片叶脉颜色，分为白、绿、红和基部红，端部绿。

（31）叶背叶脉色

现蕾期，玫瑰茄植株中部叶背叶脉颜色，分为白、绿、鲜红、暗红和紫红。

（32）茎型

现蕾期，玫瑰茄植株茎秆弯直状况。

（33）茎表面

现蕾期，玫瑰茄植株茎秆表面的状况，分为无毛、少毛、多毛和有刺。

（34）苗期茎色

出苗后 15 天后，玫瑰茄植株茎表面的颜色，分为绿、微红、淡红、红和紫。

（35）中期茎色

出苗后 60 天后，玫瑰茄植株茎表面的颜色，分为绿、微红、淡红、红和紫。

（36）后期茎色

初花期，玫瑰茄植株茎表面的颜色，分为绿、红、紫和深绿。

（37）萼片色

玫瑰茄完全开放花的萼片颜色，分为绿、淡红、红和紫色。

（38）萼片表面

玫瑰茄完全开放花的萼片表面，分为光滑、有毛和有刺。

（39）萼片的形状

玫瑰茄完全开放花的萼片形状，分为线状、披针形和三角形。

（40）花萼数

玫瑰茄完全开放花的花萼数量。单位为片。

（41）苞片数

玫瑰茄完全开放花的苞片数量。单位为片。

（42）苞片端部

玫瑰茄完全开放花的苞片端部，分为渐尖、钝形和分叉。

（43）**苞片颜色**

玫瑰茄完全开放花的苞片颜色，分为绿、黄绿、紫和红。

（44）**苞片表面**

玫瑰茄完全开放花的苞片表面，分为光滑、有毛和有刺。

（45）**花冠大小**

玫瑰茄完全开放花的花冠大小，分为小、中、大。

（46）**花瓣数**

玫瑰茄完全开放花的花瓣数量。单位为瓣。

（47）**花冠形状**

玫瑰茄完全开放花的花冠外部形状，分为钟状和螺旋状。

（48）**花瓣离合**

玫瑰茄完全开放花的花瓣裂片的离合状态，分为叠生和分离。

（49）**花冠色**

玫瑰茄完全开放花的花冠颜色，分为乳白、淡黄、淡红、红和金黄。

（50）**花喉色**

玫瑰茄完全开放花的花喉颜色，分为黄、淡黄、乳白、红、淡红、紫红、紫和紫黑。

（51）**柱头色**

玫瑰茄完全开放花的花柱的颜色，分为红和紫。

（52）**花柱类型**

玫瑰茄完全开放花的花柱的类型，分为长、中和短。

（53）**花柱底色**

玫瑰茄完全开放花的花柱基底部的颜色，分为淡黄、淡红、红、紫和紫红。

（54）**花梗类型**

玫瑰茄完全开放花的花梗的类型，分为长、中、短。

（55）**始果节**

始果期，玫瑰茄植株出现第一个果荚的节位。单位为节。

（56）**果实类型**

果荚成熟期，玫瑰茄植株果荚大小，分为小、中和大。

（57）**果实长度**

果荚成熟期，玫瑰茄植株果荚的长度。单位为 cm，精确到 0.1cm。

（58）**果实宽度**

果实成熟期，玫瑰茄植株果荚的宽度。单位为 cm，精确到 0.1cm。

（59）果形

果实成熟期，玫瑰茄种质的果形，分为锥形、筒形和球形。

（60）果荚类型

果实成熟期，玫瑰茄果荚的类型，分为圆球果形、长筒形。

（61）果实色

果实成熟期，玫瑰茄果荚表面的颜色，分为深绿、绿白色、红色、深红色、紫红。

（62）果表

果实成熟期，玫瑰茄果荚表面毛刺和密度，分为光滑、少毛、多毛、突起、轻微粗毛和多刺。

（63）果实光泽

果实成熟期，玫瑰茄果荚表面有无光泽，分为无、略有和光亮。

（64）果顶开裂情况

果实成熟期，玫瑰茄果荚果顶形状，分为开裂、半开裂和闭合。

（65）子房室

果实成熟期，玫瑰茄果荚的子房室的个数。单位为个。

（66）果柄表面

果实成熟期，玫瑰茄果荚的果柄表面的毛刺情况和密度，分为无、稀疏粗毛和多刺。

（67）果柄色

果实成熟期，玫瑰茄果荚的果柄颜色，分为深绿、浅绿、绿、红、紫红。

（68）果柄长

果实成熟期，玫瑰茄果荚的果柄长度。单位为 cm，精确到 0.1cm。

（69）果柄粗

果实成熟期，玫瑰茄果荚的果柄粗度。单位为 cm，精确到 0.1cm。

（70）果实封闭性

果实成熟期，玫瑰茄完全成熟果实心皮间是否处于完全闭合或开裂状态，分为闭合、稍开裂和开裂。

（71）形态一致性

玫瑰茄种质群体内，单株间的形态一致性，分为一致、连续变异和非连续性变异。

（72）果姿

果实成熟期，玫瑰茄果荚在分支上的状态，分为直立、微斜、斜生和水平。

（73）单株果数

果实成熟期，计算玫瑰茄每株的果荚数。单位为个，精确到 0.1 个。

（74）单果重

果实成熟期，称量玫瑰茄果荚的重量。单位为 g，精确到 0.1g。

（75）株产

果实成熟期，称量统计每株果荚的重量。单位为 kg，精确到 0.1kg。

（76）种子数

果实成熟期，计算玫瑰茄每个果荚的种子数。单位为粒，精确到 1 粒。

（77）种皮颜色

目测正常成熟的玫瑰茄种子表皮颜色，分为棕褐、灰褐、青褐、黑褐、棕黄。

（78）种皮表面

玫瑰茄成熟籽粒表面的状况，分为平滑、凹坑、皱褶和花纹。

（79）种子形状

玫瑰茄成熟籽粒的形状，分为圆形、扁圆、肾形和亚肾形。

（80）种子千粒重

玫瑰茄 1000 粒种子（含水量在 12% 左右）的重量。单位为 g，精确到 0.1g。

（81）种子发芽率

玫瑰茄成熟、饱满和清洁的种子的发芽率。以 % 表示。

5. 产量

玫瑰茄采收的商品果重量，统计全生育期产量。

（1）单株产量

总产量除以总株数后的质量。单位为 kg/ 株。

（2）单产

整个采收期内收获商品果的总质量除以单位面积。单位为 $\times 10^3 kg/hm^2$。

（3）总产量

从始收至末收的产量总和。单位为 $\times 10^3 kg/hm^2$。

（4）畸形果

生长发育不正常，不具利用价值的果为畸形果。

6. 品质特性

（1）畸形果率

植株上畸形果数占总果数的百分数，单位为 %。

（2）**果实整齐度**

果实成熟期，玫瑰茄果荚大小和形状的整齐度，可分为差、中、好。

（3）**果肉厚度**

果实成熟期，玫瑰茄果荚萼片的厚度（萼片中部）。单位为 cm，精确到 0.1cm。

（4）**维生素 C 含量**

果实成熟期，玫瑰茄萼片中维生素 C 的含量。单位为 mg/g。

（5）**多糖含量**

果实成熟期，玫瑰茄萼片中多糖含量。以 % 表示。

（6）**花色素含量**

果实成熟期，玫瑰茄萼片中含量花青素。以 % 表示。

（7）**膳食纤维含量**

果实成熟期，玫瑰茄果荚萼片中膳食纤维的含量。以 % 表示。

7. 抗逆性

（1）**耐旱性**

在苗期和生长前期，因为玫瑰茄植株弱小，田间发生干旱时，植株会表现出明显受害症状。玫瑰茄耐旱性鉴定可以选择在苗期或生长前期进行。

用农田土作基质，加入适量 N、P、K 复合肥，盆栽试验。每份种质设 3 次重复（盆），每重复 10 株。设抗旱性最强和最弱的 2 个品种为对照。5 片真叶前正常管理，保持土壤湿润；5 片真叶后使用称重法控制水分，设轻度、中度、重度（土壤相对含水量分别为 30%~35%、25%~30%、20%~25%）3 个梯度，进行水分胁迫处理，重复 3 次，以正常供水为对照。土壤干旱胁迫持续 10 天后恢复正常田间管理。10 天后调查每份种质的恢复情况，恢复级别根据植株的受害症状定为 3 级。如表 A-1。

表 A-1　耐旱性恢复情况分级标准

级别	恢复情况
1 级	叶片凋萎最少，或恢复最快
2 级	介于 1 与 3 之间
3 级	叶片凋萎最多，或恢复最慢

根据恢复级别计算恢复指数，计算公式为：

$$RI = \frac{\sum (x_i \times n_i)}{4N} \times 100$$

式中：*RI*——恢复指数，x_i——各级旱害级值，n_i——各级旱害株数，*N*——调查总株数。

耐旱性根据苗期恢复指数分为 3 级。

①强：*RI* < 20

②中：20 ≤ *RI* < 60

③弱：*RI* ≥ 60

（2）耐涝性

玫瑰茄植株全生育期不耐涝，田间过湿或淹水时间过长，尤其在低温阴雨天气下，幼苗容易烂苗，甚至死亡。玫瑰茄耐涝性鉴定一般在苗期或生长前期进行。

选择保水性较好的水稻田作为实验用地，除每份种质种植 2 行外，每重复保证 20 株苗。设耐涝性强、中、弱 3 个品种为对照。在植株 5 片叶前正常育苗管理；5 片叶后灌水，保持田间水层高出土面 2~3cm，持续 10 天后恢复正常田间管理。10 天后用目测的方法调查所有供试种质的受淹情况，恢复级别根据植株的恢复和死亡状况分为 5 级。如表 A-2。

表 A-2　耐涝性恢复情况分级标准

级别	恢复情况
0 级	完全叶基本恢复，或仅叶片尖部稍枯萎，植株生长正常
1 级	无枯死叶，枯萎叶片不超过 3 片
2 级	植株基本恢复生长，枯死叶不超过 2 片
3 级	完全叶枯死 3~4 片，有新叶长出
4 级	植株基本死亡

根据恢复级别计算恢复指数，计算公式为：

$$RI=\frac{\sum (x_i \times n_i)}{4N} \times 100$$

式中：*RI*——恢复指数，x_i——各级涝害级值，n_i——各级涝害株数，*N*——调查总株数。

耐涝性根据苗期恢复指数分为 3 级。

①强：*RI* < 20

②中：20 ≤ *RI* < 60

③弱：*RI* ≥ 60

（3）耐寒性

玫瑰茄性喜温暖，耐热怕寒，生长适宜温度为 25~30℃。不同生育时期对温度的要求有所差别。苗期耐寒性较弱,若处于 10℃以下的时间较长,会停止生长,甚至烂根死亡。玫瑰茄耐寒性鉴定可以选择在苗期或生长前期进行。

耐寒性鉴定方法采用人工模拟气候鉴定法,具体方法如下:

将不同种质的种子在温室里播种,每份种质 20 株,3 次重复。2 片真叶后移至光照培养箱内进行处理,白天(12.0±0.5)℃,光照 30μmol/(m²·s),夜间(5.0±0.5)℃。在温室播种耐寒性强、中、弱的对照品种,白天平均 25.0℃,光照 3000μmol/(m²·s),夜间平均 20.0℃。处理 7 天后,用目测的方法观察幼苗受冷害症状,冷害级别根据冷害症状分为 5 级。如表 A-3。

表 A-3 耐寒性恢复情况分级标准

级别	恢复情况
0 级	无冷害现象发生
1 级	叶片稍有萎蔫
2 级	叶片失水较为严重
3 级	叶片严重萎蔫
4 级	整株萎蔫死亡

根据冷害级别计算冷害指数,计算公式为:

$$RI = \frac{\sum (x_i \times n_i)}{4N} \times 100$$

式中:RI——冷害指数,x_i——各级冷害级值,n_i——各级冷害株数,N——调查总株数。

耐寒性根据苗期恢复指数分为 3 级。

①强:$RI < 20$

②中:$20 \leqslant RI < 60$

③弱:$RI \geqslant 60$

(4)耐盐碱性

不同玫瑰茄种质间的耐盐碱能力差别较大。采用 $MgSO_4$ 进行耐盐筛选,$Na_2CO_3 + NaHCO_3$(质量比 1:3)进行耐碱筛选。在苗期和生长前期,植株弱小,受盐碱危害会表现出明显受损害症状。玫瑰茄耐盐碱鉴定一般在苗期进行。

用农田土作为基质,加入适量 N、P、K 复合肥,盆栽试验。每份种质设 3 次重复(盆),一盆为对照,以抗盐碱性最强和最弱的 2 个为对照品种;二盆加入适量的 $MgSO_4$ 和 $Na_2CO_3 + NaHCO_3$(质量比 1:3),使土壤盐分含量达到 0.4% 左右。每个重复 10 株苗,3 次重复。3 片真叶期调查植株受害情况,记录受害级别。

如表 A-4。

表 A-4　耐盐碱性恢复情况分级标准

级别	恢复情况
1 级	幼苗生长正常，健壮，子叶绿色，肥壮，主根白色，须根多而发达
2 级	幼苗生长受抑制，子叶窄小，叶片紫红色，幼苗较瘦，全茎紫红色，主根粗短，须根向土表横向生长、较少，幼根呈凹陷斑
3 级	幼苗萎缩或死亡，子叶萎缩脱离，全茎紫红色，茎老化，部分开始萎缩，主根萎缩，或主根、须根全部枯萎死亡

根据受害级别计算盐害指数，计算公式为：

$$RI=\frac{\sum (x_i \times n_i)}{3N} \times 100$$

式中：RI——盐害指数，x_i——各级盐害株数，N——调查总株数。

耐盐碱性根据苗期盐害指数分为 3 级。

①强：$RI < 30$

②中：$30 \leqslant RI < 60$

③弱：$RI \geqslant 60$

（5）抗倒性

玫瑰茄株高一般 1~2m，高的可达 3~4m，分枝多，枝繁叶茂，遇到风害时容易倒伏或者折断，从而影响玫瑰茄的产量和品质。玫瑰茄的抗倒性鉴定一般在生长的中后期进行。

在风害比较严重的地区，当发生风害 2~4 天后，玫瑰茄植株出现明显的擦伤、倒伏和折断，以试验小区的全部玫瑰茄植株为观测对象，目测调查玫瑰茄植株的受害情况。

根据受害程度及下列说明，确定种质的抗倒性。

①极强：无擦伤，不倒伏，折断株率 < 3%

②强：轻度擦伤，倒伏 < 15°，3% ≤折断株率 < 5%

③中：中度擦伤，15°≤倒伏 < 45°，5% ≤折断株率 < 10%

④弱：重度擦伤，倒伏 ≥ 45°，折断株率 ≥ 10%

（6）白粉病抗性

①在温室或大棚中，将每份种质播种 2 行，3 次重复，顺序排列，每隔 20 个种质材料设置抗病、感病的对照品种各 1 个。在种植鉴定材料的同时，在隔离区内种植足够面积的高感品种，供繁殖菌种用。

②供试白粉病。菌株及接种液准备于进行鉴定的前一年，玫瑰茄田间白粉病发病期间采集病菌闭囊壳。在冰箱内 2~5℃条件下保存，于接种鉴定前 10~20 天取出保存的样本，刮取部分闭囊壳在垫有湿润滤纸的培养皿内保湿培养 3~4 天，待子囊孢子成熟时，用附有闭囊壳的滤纸在供繁殖菌种的高感品种的植株上摩擦接种，温度控制在 20~25℃，相对湿度控制在 80%~90%。当白粉病发病达到高峰时，采取新鲜的粉末状白粉病斑病叶，用干净毛刷扫入无菌蒸馏水中，高速搅拌 3~5min，再滴加 Tween-80（使之浓度为 0.1%），搅拌均匀即得孢子悬浮液。用血球计数板计数分生孢子数。接种浓度为 10^5 个 /mL 孢子。从菌液制备到接种完成应限制于 2h 内。

③接种方法。于玫瑰茄现蕾至开花期接种，接种采用喷雾接种法。用小型手持喷雾器将上述接种液均匀地喷于玫瑰茄植株上。接种后温度控制在 20~25℃，相对湿度控制在 80%~90%。于接种后 15 天调查发病情况，并记录玫瑰茄植株得病率及病级。病情分级标准如表 A-5。

表 A-5　白粉病病情分级标准

病级	病情
0 级	无病症
1 级	玫瑰茄植株有 1/3 以下的叶片发病，白粉模糊不清
2 级	玫瑰茄植株有 1/3~2/3 的叶片发病，白粉较为明显
3 级	玫瑰茄植株有 2/3 以上的叶片发病，白粉层较厚、连片
4 级	白粉层浓厚，叶片开始变黄、坏死
5 级	有 2/3 以上的叶片变黄、坏死

根据病级计算病情指数，公式为：

$$DI = \frac{\sum (s_i) \times n_i}{5N} \times 100$$

式中：DI——病情指数，S_i——发病级别，N_i——相应发病级别的株数，N——调查总株数。

种质群体对白粉病的抗性依病情指数分 5 级（表 A-6）。

表 A-6　对白粉病抗性的分级

级别		病情指数
1	高抗（HR）	$DI < 20$
2	抗病（R）	$20 \leqslant DI < 40$
3	中抗（MR）	$40 \leqslant DI < 60$
4	感病（S）	$60 \leqslant DI < 80$
5	高感（HS）	$DI \geqslant 80$

必要时，计算相对病情指数，用以比较不同批次试验材料的抗病性。

（7）霜霉病抗性

①病原菌的制备。采集田间发病严重的玫瑰茄霜霉病病叶，经清水略微冲洗后，分层摆入保湿盒中，并对每层叶片喷适量清水进行保湿，之后将保湿盒置于 24℃左右的黑暗条件下培养 1 夜，次日刷下叶片产生的霉层，调配成浓度为 1×10^6 个 /mL 的孢子悬液。

②接种方法。在玫瑰茄第 1 对真叶完全展开后采用喷雾接种法。用小型手持喷雾器将上述接种液均匀地喷于玫瑰茄的叶片上。接种后于 23~25℃的温室内保湿培养 48h，后转入白天 25~30℃、夜晚 18℃左右的温室内正常管理。

③病情调查与分级标准。接种后 7~12 天调查发病情况，记录病株及病级。病情分级标准如表 A-7。

表 A-7　霜霉病病情分级标准

病级	病情
0 级	无病症
1 级	病斑面积占叶面积的 1/10 以下
3 级	病斑面积占叶面积的 1/10~1/4
5 级	病斑面积占叶面积的 1/4~1/2
7 级	病斑面积占叶面积的 1/2~3/4
9 级	病斑面积占叶面积的 3/4 以上，以至干枯

根据病级计算病情指数，公式为：

$$DI = \frac{\sum (s_i) \times n_i}{9N} \times 100$$

式中：DI——病情指数，S_i——发病级别，n_i——相对病级级别的株数，i——病情分级各个级别，N——调查总株数。

种质群体对霜霉病的抗性依苗期病情指数分 4 级（表 A-8）。

表 A-8　对霜霉病抗性的分级

级别		病情指数
1	高抗（HR）	$DI \leqslant 10$
2	抗病（R）	$10 < DI \leqslant 30$
3	中抗（MR）	$30 < DI \leqslant 50$
4	感病（S）	$DI > 50$

（8）立枯病抗性

①每份种质每个重复播种 2 行，每隔 20 个种质材料设置抗病、感病的对照品种各 1 个。

②以试验小区全部植株为观察对象。7 片真叶期，株高 30cm 时，调查每株玫瑰茄在自然发病状态下，因感染立枯病菌表现出的受害情况和发病程度。

受害程度用被害率表示，计算公式为：

$$DR(\%) = \frac{X}{N} \times 100$$

式中：DR——被害率，X——被害株数，N——调查总株数。

以 % 表示，精确到 0.1%。

根据被害率，确定每份种质苗期立枯病的抗性等级（表 A-9）。

表 A-9　对立枯病抗性的分级

级别		病情指数
1	抗病（R）	$DR < 30.0$
2	中抗（MR）	$30.0 \leqslant DR < 70.0$
3	感病（S）	$DR \geqslant 70.0$

附图1
部分玫瑰茄资源特征特性

1 85-108

2 H159

3 MG-4

4 白桃 K

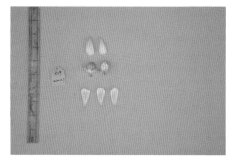

5　红叶玫瑰茄

6　马铺玫瑰茄

7 泰玫 76

8 85-103

9 闽玫瑰茄 1 号

10 闽玫瑰茄 2 号

附图2
玫瑰茄主要病虫害

1 虫害

菜青虫

叶蝉

2 病害

白绢病

茎腐病

白粉病

附图 3
玫瑰茄及产品

1 玫瑰茄及提取物

玫瑰茄鲜果

玫瑰茄干花

玫瑰茄提取物

2 玫瑰茄饮品

玫瑰茄固体饮料

玫瑰茄浓缩饮料

玫瑰茄果蔬饮料

玫瑰茄酒

玫瑰茄冰糖茶饮

玫瑰茄茶

3 玫瑰茄果脯类

玫瑰茄蜜饯

玫瑰茄果酱

玫瑰茄果脯

4 玫瑰茄糕点

酒渍玫瑰茄蛋糕

糯米玫瑰茄糕点

起司玫瑰茄蛋糕

玫瑰茄面包

玫瑰茄披萨

玫瑰茄抹茶蛋糕

5 玫瑰茄保健品

玫瑰茄酵素

玫瑰茄益生菌

玫瑰茄凝胶果糖